U0178645

二十四节气神

宋英杰 —— 著

故宫出版社

清　缂丝加绣九阳消寒图轴　故宫博物院藏

序

一、二十四节气，我们独特的时间体系

"山中无历日，寒尽不知年。"古时候，对于很多人而言，没有日历，只是凭借天象来猜测时令。

时间这两个字里都有日。日月而明，汉字中便呈现了古人刻画时间的参照系。

在每一个晨昏，在每一次阴晴，每一轮朔望，在每一个朝朝暮暮，在每一个春宵夏晌，在一日、一旬、一月的光阴流转中，我们走过时间。

地球的公转，使得我们有了季节的往复；地球的自转，使得我们有了昼夜的交替。"是以寒暑殊焉，燥湿变焉。"

所谓日常，我们就是以日的规律作为参照，以其为常。《尚书·尧典》："乃命羲和，钦若昊天，历象日月星辰，敬授民时。"《诗经》："敬

天之怒,无敢戏豫;敬天之渝,无敢驰驱。"人们对于天,敬畏而顺从。方法论便是天人合一。

原始经验对于时间的理解,在确定了规律之后,一切都是在规律基础上的无限往复和循环。人们将太阳每日的升沉、月亮每月的盈亏,作为规律的具象标识,于是时间有了某种神化色彩。

《易经》:"观乎天文,以察时变;关乎人文,以化成天下。"《文子》:"凡举百事,必顺天地四时,参以阴阳,用之不审,举事有殃。"因天行之常,而有物候之规,天上和地上相互关联,中国古人以天人合一的方式希望实现天道与人道的无缝连接。天人合一的逻辑基础是法天,以天为参照、为准则,来对应人世,并建立行为规范。

《吕氏春秋》:"民无道知天,民以四时寒暑日月星辰之行知天。"

中国人的时间,首先是天文时间,是以天象来刻画的。然后是地上的时间,以气候和物候来刻画的。

"在天成象,在地成形"。所谓观象授时,便是仰观天象、俯察物象,以建立时间规则,并以自然节律主导着生活节律,以自然节律建构春生夏长秋收冬藏的日程组合体,以及契合自然季节时令的文化体系。正如朱熹所云:"仰观星日霜露之变,俯察昆虫草木之化,以知天时,以授民事。"法国思想家伏尔泰在其《风俗论》中写道:"中国人把天上的时间同地上的时间结合起来了。"

春字,源自草芽之形;夏字,源自蝉形;秋字,源自蟋蟀之形,后体现禾穗之形;冬字,源自冰之象形。这些都是以地上的物象来表征的。我们常说一个词,生成。春代表生,秋代表成。这样的一个循环,便是一年。"花开花落,春去春来,万物自有定数"。定数,即规律。人们认识气象,首先要把握规律,然后再探究定数之外的变数。

二十四节气,是中国人的时间,是中国古人原创的时间刻画方式。在二十四节气名称之中，夏至冬至、春分秋分，是天上的时间。剩下的，都是地上的时间。节气的五大类别：

一是天文类节气（4个）：冬至、夏至、春分、秋分。

二是季节类节气（4个）：立春、立夏、立秋、立冬。

三是温度状态类节气（5个）：小寒、大寒、小暑、大暑、处暑。

四是水汽状态类节气（7个）：雨水、谷雨、小雪、大雪、白露、寒露、霜降。

五是物候类节气（4个）：惊蛰、清明、小满、芒种。

四时有八节，而八风对八节，是对于季风气候传神的刻画。

天文的"八节"与气候的"八风"形成了严谨的呼应。由寒暑到二至二分，到四时八节，进而到二十四节气和七十二候，这是一个不断细化的时间文化序列。

划分时间的自然序列，经过社会文化的筛选，千淘万滤，最终形成了严谨的二十四节气体系。

单纯依照太阳视运动的规律设定物候，并细化为七十二候的七十二种"候应"，已然超出了这一时间体系应有的边界，其准确性只具有象征意义。而且很多"候应"是从上古文献中直接转述的，很多来自臆想，并非源于实地观测，因此七十二候只是看似极致化的时间划分方式和物候对应方式。后来在社会实践中，真正具有应用价值的，并不是具体而微的七十二候，而是详略得当的二十四节气。

"分至启闭"过于稀疏，七十二候又过于繁密，二十四节气恰好疏密得当。二十四节气的时间划定方式，是基于天文的，具有超越发源地的普适属性，是可以共享的时序刻画方式。但二十四节气的名称，大多基于发源地的气候与物候，并不具有普适属性。所以二十四节气在传承的过程中，各地依循实际的气候、物候及其变迁，在漫长的岁月中不断地进行本地化和当代化的订正。所以气象学者竺可桢先生说：盖中国版图之广，气候之文亮，农事之始终，各地断不能一律。虽有共享的时序，却是多样的风土。

二、节气神，不是真的神灵

节气神，不是真的神灵。它们，或许是我们理解节气的一种方式，是人们以"取象比类"的意象思维方式所建构的节气形象。

节气神，不是真的神灵。谈论节气神，也并不意味着我们笃信神灵。所谓节气神，只是人们为某个节气创制了一个神话般的人物，希望它能够体现这个节气的气候特质，能够承担这个节气的人文职责。

节气神，通常体现着三种功能：

一是节气的守护神，在这个节气谁守护着我们？

二是节气的图释版，我们如何理解这个节气？

三是节气的平常心，我们如何天人合一地过这个节气？

每个节气神并没有严谨的规制，只是依照人们对于节气物候和气候的感性理解，可视为拟人化的节气之像。通过绘制每个节气神的形象，解读其性情以及社会角色，可以感受到从前在民间，人们是如何看待二十四节气的。

二十四节气神之冬至神和春分神，寄托了人们对于冬至阳生、和春分"寒暑平"宜人气候的美好想象。

二十四节气神之清明神、小寒神，是民间传说中的冥界差役。体现出人们在天气跌宕之时、天气寒甚之时对于"神鬼天"的联想。

节气神，或许只是一种亲切的人格化，体现着节气的气候和性情，可以膜拜，但也可以调侃。虽然某些节气神的样貌有点"凶"，但它们并非"坏人"，而是某种意义上护着我们、陪着我们过日子的时间之神，是一个特定时节内我们的守护者和陪伴者。

从前民间信仰中的所谓"四值功曹"，便是人们心目中的时间之神。当然，现在人们更熟知的，已不是值日神，而是值日生了。"四值功曹"作为玉皇大帝的下属，在天界职位不高，只是日常值班的神仙。他们的职责是记录人与神的功绩，同时也是象征时间的守护神。在《西游记》中，孙悟空大闹蟠桃会之后，"四值功曹"便在受命捉拿"妖猴"的天兵天将队伍之中。

在传统的阴阳五行学说中，北属阴，主水。钦安殿是紫禁城中最北的殿堂，也是最大的道教建筑。殿前的天一门取意于"天一生水，地六承之"。清宫每年立春、立秋、立冬日（季节类节气中除了立夏日，因雨涝于夏），都要在钦安殿设道场、架供案，皇帝亲自在神牌前拈香行礼，乞天赐水。钦安殿的墙壁四角，绘有值日、值月、值时、值年"当班司事"，双手捧着值日、值月、值时、值年牌，掌管功劳簿，充当守护神。相比之下，节气神更属于民间，甚至还未登钦安殿这样的"大雅之堂"。

其实，无论是"四值神"还是节气神，只是人们对于时间的一种认知方式，人们很少待之以神灵。一个节气神，往往被视为人们心目中这个节气的吉祥物。至少不是"官家"的神，而是"邻家"的神。

三、节气神身上的气候逻辑

处暑神手中的蕉扇、身后的火焰或光冕，提示着人们，在本该暑气消退的处暑时节，也往往有秋老虎天气，体现着气候有时暴躁的性情。

寒露神身上的着装，就是最形象的"穿衣指数"。或许，这是催促人们准备冬装的最好的代言方式。

立春神旨在劝课春耕，芒种神旨在鞭策夏种。

立春时节，执掌草木生发的春神句芒化身牧童。

芒种时节，人们意念中长大了的春神在"忙种"之际，一手执鞭，一手握秧，催促人们切莫贻误"小满赶天，芒种赶刻"的繁忙农事。

大暑神，是满脸通红托举大火盆的鬼怪。大寒神，是满脸铁青托举大冰块的鬼怪。

体现气候极致性的节气，往往以鬼怪刻画，体现着人们对于不可控的领域、不尽知的世界，心怀敬畏和敬慎。即使在科学昌明的现代，也依然是"天有可测风云"与"天有不测风云"并存。

神，源于人们的自然崇拜及物魅崇拜。但各个节气神的角色选取和功能定位，源于人们对于气候的理解，即画面背后的气候逻辑。

对于人们来说，从前是跟着节气过日子。跟着节气过日子，就要了解每个节气的气候性情。

人们通过节气神，呈现特定节气的气候，以及依照特定节气气候的起居生养。通过古代和现代艺术的形意表达，节气神似乎具有神性，但更具有人格化和平民性，更像是各个节气的性情标识，更像是每个节气视觉化的气候意涵。

四、节气神，你从哪里来？

民间的二十四节气神形象，虽然没有统一的版本，但也有着神像绘制的基本范式。

几百年来，二十四节气神是散布于民间庙宇之中的对节气的文化习俗、风物特征和气候属性进行视觉刻画的艺术形象，将概念化的天候，具象为人格化的物象。看似没有严谨的形象规制和角色序列，但其实每一个形象都是经过无数人的斟酌、渲染、点化，才有了现在的节气神体系。这是不断将认知积淀的二十四节气文化图谱。

在浙江衢州柯城区，有一座梧桐祖庙。庙中奉有春神句芒，身穿白衣，有一对"天使"的翅膀（原神像可追溯至清代初期）。春神句芒，通常是人面鸟身，驾两条白龙，手里拿着一个圆规。它既是掌管草木之神，也是掌管人们温饱存养之神。

为什么春神句芒手里拿着一个圆规呢？

《淮南子·时则训》有云："制度阴阳，大制有六度，天为绳，地为准，春为规，夏为衡，秋为矩，冬为权。……规者，所以员万物也。"

所以我们常用准绳、规矩、权衡这样的词汇。这些词汇中的每一个字，都曾是古代度量天与地、气与象的法则。而春神手中的"规"，是用来衡量万物圆曲的。"规度不失，生气乃理"，春天以"规"为度，才能使春生之气普惠万物。

二十四节气神像，大多存续于民间的庙宇之中，尤其是闽粤台等地。但通常与主祀神之间却无明确的谱系关联，往往是庙宇空间中的增设项，以壁画或门扇彩绘的方式呈现。

此外，二十四节气神像，还有木雕、石雕、泥塑等艺术形式。

在庙宇中，壁画彩绘往往是以二十四个节气神上下错落的方式呈现，缀以云朵，渲染动感和情节。门扇彩绘，如同众门神，同样缀以云朵，以 S 形排列，体现动感和平衡。

在中国台湾，二十四节气神像通常被认为是由"潮汕师傅"引入，但最初的原作已不可考。后来由陈玉峰、潘丽水等画者临摹学习。他们是 20 世纪二三十年代最具代表性的彩绘画匠，节气神的匠师。

二十四节气神,也被称为"二十四节气神将""二十四节气图像"或者"二十四节气人物"。人物角色分为将士、鬼怪、僧道、仕女、孩童、官吏等等。

关于二十四节气神的专著极少,很难从某一文献中完整地查证人物形象的设计依据。因此节气神的绘制,并没有对于意象详尽完整的阐释。

实际上,节气神神像体系的传承,是依托画稿的匠心传承,而非文本体系的传承。一些画匠在绘制过程中,整体风格以及服饰或持物的细节,往往有着自己的"自由裁量权"。所以节气神的形象,没有特别严谨的规制,一个节气神或许有多重角色。即使是同一个角色,也会有不同的形象。例如夏至神,有人画一个火葫芦,有人画两个火葫芦;例如春分神,有人画的是团扇,有人画的是羽扇,有人画的蒲扇。当然,这是大同下的小异。

一些节气神,其服饰和仪态,有着京剧的"影子"。剑指、翻袖、抱刀式、横竖锤、按压掌等等,是戏剧化的经典定格。节气神,彰显着介乎于神格与人格之间的仪式感。

显然,节气神的角色有着宗教和神话的源流。

某些节气神的形象,尤其受到道教神将的影响。

道教雷法中之十二雷将,亦称十二天将。

在节气神的形象元素中,或有着宗教的痕迹,或有着神话的原型,或有着戏曲的扮相,有的契合官方仪礼,有的体现乡间风俗。

因此,二十四节气神的形象体系是兼容并蓄的结果,是在融汇中逐渐流变的。无论哪一种起源,都是中国的本土文脉。而古代官将服饰(以明代服饰为主,清代服饰为辅)、京剧服饰,可以基本看出其形象体系的创立年代。

《清宫戏出人物图册》之"造箭" 故宫博物院藏

《清宫戏出人物图册》之"阳平关" 故宫博物院藏

故宫博物院藏《钦安殿十二雷将神像画》。

左为"神霄雷霆三帅"之首的邓天君,中为"神霄雷霆三帅"之张天君,右为雷霆驱邪治病
陶天君。他们都头戴天丁冠,凤喙,背有肉翅,赤足。邓天君手持雷钻;张天君右手持令旗,
左手执令牌;陶天君右手持剑,左手执药瓶,是降药治病的神将。

左为号曰"阳雷神君"的苟天君。青面,着红天衣、紫结巾,燄火脚,执雷锤钻。中为温天君。
青面赤发赤须,头戴幞头包巾,右手持玉环,左手持玉皇敕赐"无拘霄汉"金牌,身着铠甲。
右为"神霄雷霆神帅"之二的辛天君。戴牛儿幞头,朱发铁面,披翠云裘,蹬皂靴。左手执雷
簿,右手执雷笔。

左为孩童相的殷天君。颈系勒帛，系项圈，饰臂钏、手镯，袒露双臂，赤足；着护腹甲，右手执方天画戟，上系黄幡。中为白面美髯的马天君。戴方角幞头，着黄短绣衫。右手持枪，枪上有白蛇缠绕。左手执金砖。足前有风火轮。马天君多为白面三目，故民间有"马王爷三只眼"之说。右为红面虬髯的王天君。戴幞头包巾，着红短绣衫，左手执金鞭，右手握玉帝所赐"赤心忠良"金牌。

左为岳天君，武穆王岳飞。美髯须，戴幞头冠，披铠甲，罩红色短绣衫。左手捋须，右手执长枪。中为号曰"阴雷神君"的毕天君，以及毕天君像局部。青面，皂衣，獗火相，獗火脚，执火锤。右为赵天君。黑面虬髯，头戴铁幞头，右手执竹节钢鞭，身边蹲有黑虎一只。

立春神（此套二十四幅节气神图，由丘挺、李丽莎绘制）

雨水神

惊蛰神

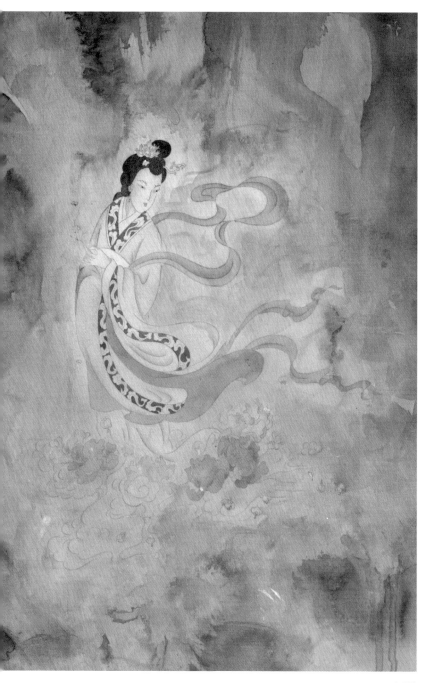

春分神

清明神

谷雨神

立夏神

小满神

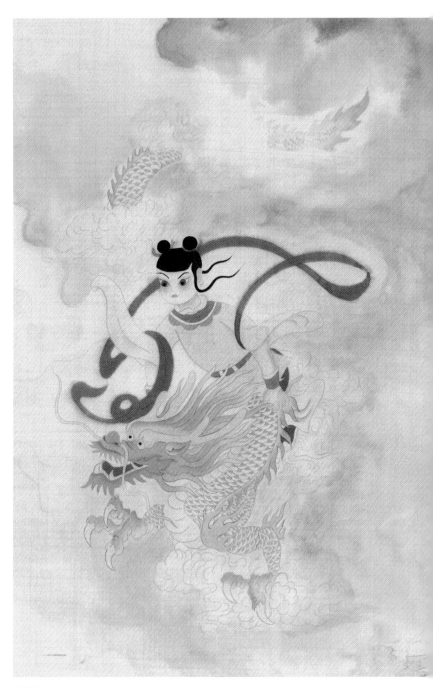

芒种神

夏至神

小暑神

大暑神

立秋神

处暑神

白露神

秋分神

寒露神

霜降神

立冬神

小雪神

大雪神

冬至神

小寒神

大寒神

目录

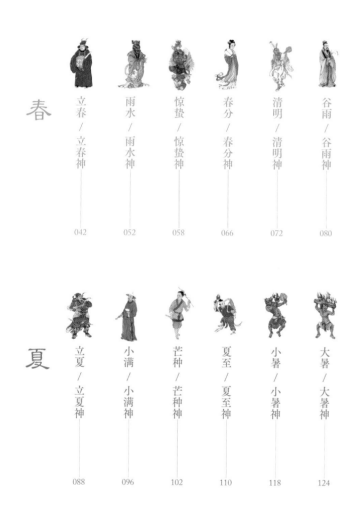

《释名》曰：
『春之言蠢也，万物蠢然而生。』

《管子》曰：
『春者阳气始上，故万物生。夏者阳气毕上，故万物长。秋者阴气始下，故万物收。冬者阴气毕下，故万物藏。』

《吕氏春秋》曰：
『（自孟春开始）天气下降，地气上腾，天地和同，草木繁动。』

古人以天文而非气候划分季节，所建立的是四季等长的季节体系。古人以阴气阳气的消长，以天气地气的亲疏，来作为春生夏长秋收冬藏背后的『动力学』。

《白虎通》曰：
『春者，天地交通，万物始生，阴阳交接之时也。』

《后汉书》曰：
『方春东作，布德之元，阳气开发，养导万物。』

春天，阳气由潜萌到崭露，天气和地气由分到合，于是以恩德普惠万物。

春。春为发生。春之气和则青而温阳。

春

四时之始。
每年 2 月 4 日前后交节。
人随春好，春与人宜。

汉代《春秋繁露》：春，喜气故生。

　　立春，乃四时之始。立春，就气候而言，比立冬还冷，何以言春？

　　立春是天文意义上的春始，"于此而春木之气始至"。古人侧重于衡量"气始至"，即趋势的建立，而非"势既成"。所谓气势，气是天文意义上的，势是气候意义上的。而现代人更乐于以量化的方式界定气候意义上的春始。

　　"四时可爱唯春日，一事能狂便少年"，人们如少年般，欣欣然地迎接春天的到来。"云体态，雪精神"，早春的花儿，虽然是云的娇媚体态，但却有雪的冷傲精神。

　　白居易诗云："正月晴和风气新，纷纷已有醉游人。帝城花笑长斋客，三十年来负早春。"如果早春时节依然闭门持斋，便是辜负了早春的晴和风气之新，以及繁花的美意。一定要启户而出，怡然赏春。

　　古人认为冬月一阳生，腊月二阳生，正月三阳生。正月泰卦，三阳开泰。"三阳开泰"渐渐成为岁首的吉语。而因"祥"字含"羊"，"阳"音同"羊"，于是人们常常将羊作为立春时节阴消阳长的吉祥之象。

立春神　关海涛绘

春风得意的状元郎

依据明代官服的规制，他戴着纱帽，
纱帽上簪着春胜般的花枝。
人们几乎是极尽想象，把意念中的春令之美，
都装点在立春神的身上。

民间的立春神主要有两个版本。一个版本是牧童，另一个版本是文官。

版本一：立春神是牧童，手牵耕牛的句芒神。

中国古代立春仪式的流变，历经三个阶段，分别有三个主题词：

一是送寒，临近立春之时"出土牛以送寒气"。按照五行学说，冬季属水，而土克水，需要以土制之物驱逐冬寒，于是官方制作耕牛形状的泥塑。土负责生养，牛负责耕地，所以用土做的牛，既起到送寒的功能，也体现劝耕的作用，一举两得。"古人制此，良有深意。"

二是迎气，立春之日"天子亲帅三公九卿诸侯大夫，以迎春于东郊"，以最高规格的礼仪迎接春天的到来。而且"令一童男冒青巾，衣青衣，先在东郭外野中"（《后汉书》），以童男扮演如同吉祥物般的春神，是春天的具象标识。

三是劝耕，"引春牛而击之，曰打春"，以鞭打春牛的方式提醒春耕。无论是官方的"班春"，还是民间的"说春"，都是劝耕，是劝说的劝，而非命令。

《后汉书》记载的地方官立春后劝耕的情景是：

郡国守相皆劝民始耕，如仪。诸行出入皆鸣钟，皆作乐。

您看，各地方官举办的劝耕活动，深入基层的时候还带着鼓乐班子，敲敲打打，动用文娱方式，以期喜闻乐见。

鞭春牛是一种形式感很强，行为艺术化的劝耕。可以引发众多农民现场的围观和事后的热议，有效形成传播的热度和广度。这比官府发布文绉绉的劝耕文书更具有亲和力与传播效力。即使是劝农文书，也会写得朗朗上口。

南宋时的劝农"口号"一则：

> 一劝农家莫惰农，春来雨水已流通。
>
> 有男有女勤耕绩，必定时和更岁丰。

苏轼 47 岁那年，立春时节他曾梦见自己受官府之邀，取笔疾书《祭春牛文》，梦醒之后，他还记得这样的词句：三阳既至，庶草将兴，爰出土牛，以戒农事……苏轼做梦都在写立春祭春牛的文章，可见当时立春劝耕习俗之盛。

民间绘制的立春神，便借用了鞭春牛的春神形象，延续着立春习俗的劝耕思维。虽然现代社会不再有从前的那种劝耕，但动员会、宣传画、村里大喇叭的广播，似乎也是劝耕，只是劝耕这个词退役了而已。

担任牧童的立春神即句芒神，"东方句芒，鸟身人面，乘两龙"，最初句芒神是骑着龙的人首鸟身形象。但渐渐地，芒神拟人化了，在年画中通常是童子形象。

但春牛和春神的形象组合是有官方规范的，每年各不相同："其策牛人头履鞭策，各随时候之宜是也。"宋代仁宗年间颁布《土牛经》，对春牛的颜色、配具以及策牛人的衣饰和位置均有明确的形制。宋代《岁时广记》之《立春·绘春牛》载：

春牛之制,以太岁所属。彩绘颜色,干神绘头,支神绘身,纳音绘尾足。如太岁甲子,甲属木,东方,青色,则牛头青;子属水,北方,黑色,则牛身黑;纳音属金,西方,白色,尾足俱白。太岁庚午,则白头、赤身、黄足尾。他并以是推之。田家以此占水旱。谑词云:捏个牛儿体态,按年令旋拖(施)五彩,鼓乐相迎,红裙捧拥,表一个胜春节届。

明代《帝京景物略》之《城东内外·春场》载:

按造牛芒法,日短至,辰日,取土水木于岁德之方。木以桑柘,身尾高下之度,以岁八节四季,日十有二时,蹄用府门之扇,左右以岁阴阳,牛口张合,尾左右缴。芒立左右,亦以岁阴阳,以岁干支纳音之五行。三者色,为头身腹色,日三者色,为角、耳、尾,为膝胫,为蹄色,以日支孟仲季为笼之索,柳鞭之结子之麻苎丝。牛鼻中木,曰拘脊子,桑柘为之,以正月中宫色为其色也。芒神服色,以日支受克者为之,克所克者。其系色也,岁孟仲季,其老壮少也。

春立旦前后五日中者,是农忙也。过前,农早忙;过后,农晚闲也。而神并乎牛,前后乎牛分之。以时之卯后八日燠,亥后四日寒,为罨耳之提且戴。以日纳音,为髻平梳之顶耳前后,为鞋袴行缠之悬著有无也。

田家乐者,二荆笼,上着纸泥鬼判头也。又五六长竿,竿头缚脖如瓜状,见僧则捶,使避匿,不令见牛芒也。又牛台上,花绣衣帽,扮四直功曹立,而儿童瓦石击之者,乐工四人也。

这些描述,充分体现了明代初年钦天监颁布的《春牛经式》中

清　杨晋　牧牛图扇页　故宫博物院藏

春神和春牛规制在立春节俗中的具体体现。

春牛和春神形象的基本规制：春牛身高四尺，象征一年之四时；身长八尺，象征四时八节。春牛尾长一尺二寸，象征一年有十二个月。春神身高三尺六寸五分，象征一年365天；手上鞭长二尺四寸，象征二十四节气。牛的笼头缰索，"凡缰索七尺二寸，象七十二候"。

牛头：取决于当年的天干。

牛身：取决于当年的地支。

牛腹：取决于当年的纳音。

牛角牛耳牛尾：取决于立春日的天干。

牛腿：取决于立春日的地支。

牛蹄：取决于立春日的纳音。

牛嘴和牛尾：嘴张或合、尾左缴或右缴，取决于当年的阴阳。

春神的年貌：取决于当年的地支。寅巳申亥年的芒神为老年状，子卯午酉年的芒神为壮年状，丑辰未戌年的芒神为少年状。

春神的衣色：取决于立春日的地支。

春神的带色：取决于立春日的生支。

春神的发髻：取决于立春日的纳音。纳音为金，发髻在耳前；纳音为木，发髻在耳后；纳音为水，发髻为左前而右后；纳音为火，发髻左后而右前；纳音为土，发髻在脖颈正上方。

春神的罨耳（遮耳之物）：取决于立春的交节时辰。若立春交节时刻在子时或丑时，春神会戴上两个罨（yǎn）耳。若在寅时，春神会揭开左边的罨耳；若在亥时，春神会揭开右边的罨耳。若立春的交节时刻在卯时至戌时，春神则以手提罨耳，阳时以左手提，阴时以右手提。因为夜里冷，所以戴着遮耳之物，白天就不必戴了。

春神的鞋裤等：取决于立春日的纳音。立春日纳音若为水，裤子、行缠（绑腿）、鞋袜齐全；若为火，官方规制是"行缠、鞋裤（同裤，古时的裙裳）俱无"。通常绘为裤管卷起，行缠、鞋袜脱去；若为土，裤管不卷起，行缠、鞋袜脱去。若为金或者木，裤子、鞋袜齐全，但只系一条行缠。若为金，左边的行缠悬于腰；若为木，右边的行缠悬于腰。所以民间常常以芒神的装束预示该年的天气，是旱是涝，还是风调雨顺。当然，民间的绘制者往往还会为春神添加装束，例如草帽、扇子，裤子也分为长裤短裤，鞋也分为草鞋布鞋，以此进行夸张渲染。这是以天干地支之五行进行年景预测的视觉化表达。

春神手中的鞭：鞭杆为柳枝，鞭节之物取决于立春日的地支。立春日的地支若为寅巳申亥，鞭节为麻绳；若为子卯午酉，鞭节为苎绳；若为丑辰未戌，鞭节为丝绳。

春神与春牛的相对位置：阳年，芒神站在春牛的左侧，阴年，芒神站在春牛的右侧。立春日在元日前后五天以内，春神与春牛并列，作为对于农忙的提示。立春日早于元日五天以上，春神站在春牛前，代表着对于农忙的催促；立春日晚于元日五天以上，春神站在春牛后，代表人们还可以适当闲散一些。正如农谚所云："先年立春早下种，当年立春迟下种。"

可见从宋代开始，立春时春牛与春神的样貌，逐步建立了非常严谨的标准。每年的春牛与春神，皆有差异。春牛与春神的形象组合体，是中国传统文化中形制缜密的节令艺术。

需要说明的是，天干之中，甲乙丙丁午己庚辛壬癸，甲丙午庚壬为阳，乙丁己辛癸为阴。甲乙属木，丙丁属火，戊己属土，庚辛属金，壬癸属水。地支之中，子丑寅卯辰巳午未申酉戌亥，子寅辰午申戌为阳，丑卯巳未酉亥为阴。寅卯属木，巳午属火，申酉属金，子亥属水，丑辰未戌属土。

2021年辛丑年的春牛与春神形象规制：2021年立春，辛丑年、庚寅月、壬午日，交节时刻22:58:39，亥时。牛头为白色。牛身为黄色。牛腹为黄色。牛角牛耳牛尾为白色。牛腿为黄色。牛蹄为青色。春牛闭嘴，尾巴朝右。春神为少年状。春神着黑衣。春神佩青带。春神发髻在脖颈正上方。春神是揭开左边的罨耳。春神衣裤鞋袜齐全，但右边的行缠悬于腰。春神手中的鞭，鞭杆为柳枝，鞭节之物为苎麻绳。春神站立于春牛的右前方。

2022年壬寅年的春牛与春神形象规制：2022年立春日，壬寅年、壬寅月、戊子日，正月初四，交节时刻04:50:36，寅时。牛头为黑色。牛身为青色。牛腹为白色。牛角牛耳牛尾为白色。牛腿为黄色。牛蹄为红色。春牛张嘴，尾巴朝左。春神为老年状。春神着黄衣。春神佩白带。春神发髻左后而右前。春神是揭开右边的罨耳。春神裤管卷起，行缠、鞋袜脱去。春神手中的鞭，鞭杆为柳枝，鞭节之物为苎麻绳。春神并立于春牛左侧。

版本二：立春神是文官，体现着立春的文质彬彬。有人将立春神绘为手持笏板、表情和蔼的古代农官。农耕时代，一年之计在于春。初春时节，农官特别繁忙。既要传达政策，也要汇报民情。按照《礼记·月令》的说法，农官要"必躬亲之"，要深入到田间地头，既要劝耕，也要帮助农民解决实际问题，包括一些专业性的问题，"土地所宜，五谷所殖"，帮助农民论证哪块田适合种什么庄稼，做到"农乃不惑"，使老百姓没有疑惑，没有后顾之忧。

农官扮演着立春神的角色，既要把体现天子恩惠的政令落实到基层，还要将落实情况及时准确地汇报给天子。手持笏板的形象，体现信息沟通、上传下达。而和蔼的表情，彰显着立春节气回暖与解冻的气候带给人们的感触。

在这类版本中，人们更乐于将立春神绘为一位新科状元。

虽然就古制而言，冬至是二十四节气之首，但在民间，人们将立春视为新一轮节气的起始。所以在人们的意念之中，立春便仿佛是一位"大魁天下"的状元。人们希望立春之时天晴地暖，气淑风和，因此人们笔下的立春神，面容清雅，性情温润。一个节气神的形象，也是人们关于这个节气的气候意象。

但人们在绘制立春神的时候，往往"不甘寂寞"，并不全然依循状元服饰的规制。

于是，这位新科及第的状元郎，红帽子，红衣裳，身着圆领衫，腰系玉带，有的版本还饰以流苏。手持笏板，头上插着梅花，人们将状元郎点染得喜气洋洋，洋溢着春令之美。仿佛是官服但又参酌京剧服饰，可以说，是一个杂糅的版本。而且，有些绘制者笔下的立春神服饰，不是"标配"，而是随心所欲的"顶配"，新科状元胸前的补子，甚至是一品文官的仙鹤图案。

明清时期，官服补子上的图案，文官是禽，武将是兽。人们据此，以"衣冠禽兽"嘲讽官员的道貌岸然。

甘雨时降。

每年 2 月 19 日前后交节。

春风放胆来梳柳，夜雨瞒人去润花。

明代《月令采奇》：雨水，言雪散而为水矣。

　　上古时代的人们，既感谢自然之恩赐，又惧怕自然之震怒。所以将自然界的很多物象都拜为神灵。对天，对地，对四方、山峦、川谷、草木，无不敬畏。因此祭祀鬼神，祈福于天。

　　"天"，在先秦时期有着崇高的地位，"莫神于天"。人们仰赖于天，并注目于"神"，将天威具化为各种神灵。人们希望通过礼敬，通过愉悦和感动神灵，在避害的基础上，能够趋利。天的概念被细化，系统性地衍生出各司其职的诸位神灵。数目趋多，司职掌管的工作分工越来越明晰。似乎专业对口，出什么事，拜什么神。于是"国之大事，在祀与戎"。一个国家最重要的两件事，一是祭祀，二是用兵。

　　对于节气起源地区而言，雨水，既不是开始下雨的节气，也不是不再下雪的节气，而是降雨概率开始高于降雪概率的节气，是降水的优势相态由雪转为雨的时候。

　　民间"龙抬头"的二月二，有时正值雨水时节，此时"郊岭风追残雪去，坳溪水送破冰来"。

　　立春"东风解冻"，是冰雪开始消融。而雨水时节，是冰雪全面消融。汉代《易纬通卦验》中，立春的物候标识是"冰解"，雨水的物候标识是"冰释"。

　　我们常用"解释"一词，但"解"和"释"又不尽相同。"冰解"表征是开始消融，"冰释"表征是全面消融。因此所谓"冰释前嫌"，应当不再有一点"残冰"。

雨水神　关海涛绘

穿着官服，负责司雨的东海龙王

雨水神几乎都是一位龙首人身的文官造型。
头戴无旒之冠，身着冕服，手持笏板或者如意。
有的雨水神，还有口中吐水的动态。

每一种天气神都"术业有专攻"，有负责风的，风伯；有负责雨的，雨师；有负责霜的，霜神。还有雷公、电母，甚至民间还有风婆婆、寒婆婆、雪婆婆等等。

但随之而来的问题是，需要祭拜的神灵太多，人们的财力和精力往往都耗费在处理天—神关系的繁文缛节当中。渐渐地，天神系统被"精兵简政"了，尊崇或供奉一个总神，其他的便是世俗化的或地域化的神。

祈雨，是自古以来最常规的祈祷。汉代的一段《请雨》词："皇皇上天，照临下土，集地之灵。神降甘雨，庶物群生，咸得其所。"

这段《请雨》词的倾诉对象，便是笼统的天神，相当于我们现在所说的"老天爷"。按照官方祭祀的规格，天气神的"级别"其实是比较低的。可是一旦出现大旱之类的天气异常，祈祷降雨的仪式"雩祭"，规格却是最高的。

可见，天气好的时候，天气神不大受重视。只有天气极度恶劣的时候，天气神才被奉若神明。人们更重视事件性的降水异常，而非功能性的降水"主管"。

从先秦到两汉，再到唐宋，基于自然崇拜的负责气象的神灵逐步趋于简化。就像政府的便民服务大厅，某类业务在一个窗口就可以得到"一站式服务"。

唐代以后，主管气象的"办事机构"逐步地进行了合并。龙王开始进行统一的"归口管理"。龙王既要负责水的存量部分，如江、湖；也要负责水的增量部分，如雨、雪。而且，龙王还要对因水引发的次生问题承担"责任"。正如白居易诗云"丰凶水旱与疾疫，乡里皆言龙所为"。

到了明清时期，"体制内"的天气神，主要是负责雨水的龙王和负责雷霆的雷神。在清代，还有祭祀风神的宣仁庙、祭祀云神的凝和庙、祭祀雷神的昭显庙、祭祀雨神的福佑寺。因为最害怕雷，所以最惧雷神；因为最需要雨，所以最敬雨神。雨神是天象诸神中最被重视和崇信的一位。祭礼最盛，占卜最繁，俗谚最多。

"水乡清冷落梅风，正月雪消春信通。"

雨水之后，鹊报新晴，雁传春信，便是可耕之候。春耕之时，亟需雨水。因此，民间绘制的雨水神，大多是龙头人身的龙王形象。而且龙王是身着官服的，脚踏登云履，双手抱笏或者一手端带一手持笏，凸显着它的官方身份，负责云水资源调配的文官。

雨水时节，威风凛凛的龙王披挂上阵。有人画的龙王，嘴里吐着水，但表情透着冷峻，体现着初春时雨天里的料峭寒意。有人画的龙王，表情和身姿颇具喜感，很愉悦地遍施雨泽，让大家雨露均沾。人们也很希望雨水神能做到雨水按需分配。

然而，传统神话中龙王的行云布雨，并非率性而为。

《西游记》第四十一回，孙悟空向东海龙王求雨灭火。龙王却推辞道：大圣差了。若要求取雨水，不该来问我。

为什么呢？龙王耐心地解释道：我虽司雨，不敢擅专。须得玉帝旨意，吩咐在那地方，要几尺几寸，甚么时辰起住，还要三官举笔，太乙移文，会令了雷公、电母、风伯、云童。俗语云"龙无云而不行"哩。

可见，龙王掌管雨水，乃受命行事的职务行为。龙王并没有降

宋　白玉龙王像坠　故宫博物院藏

雨区、降水量的决定权，它不是决策者而是执行者，而且执行层面
还需要其他天气神的通力协作。

　　同样是《西游记》中第九回，泾河龙王为了赢赌，擅自更改玉
皇大帝的降雨指令，将降雨的起止时间延后一个时辰，将降水量"三
尺三寸零四十八点"克扣了三寸零八点。龙王便因此犯下了违逆天
条的死罪。

　　显然，龙王在执行政策过程中没有任何自主的"弹性空间"，
不是谁请托、谁贿赂就可以随意更改天庭既定的降水方案的。

清　恽寿平　桃花图轴（局部）　故宫博物院藏

阳和启蛰。
每年 3 月 6 日前后交节。
春日载阳，有鸣仓庚。

《宋史·乐志》：条风斯应，候历维新。阳和启蛰，品物皆春。

农历二月二龙抬头，其历年时间均值与惊蛰节气对应。

冬季，虫也蛰伏，龙也蛰伏。到仲春时"蛰虫咸动"。所以在我看来，惊蛰和龙抬头，是同类事项的另一种表达。龙抬头，是惊蛰（冬眠期结束）的有机组成部分，也是最隆重的部分，或者说是图腾部分。

惊蛰，最初的称谓是启蛰。为了汉景帝刘启的名讳，才改为惊蛰。

"阳和启蛰，品物皆春"这句话，简洁而精准地定义了这个时令的因果。"阳之和"是因，"物之春"是果。惊蛰时节，是物候意义上的春始，也是冬季数九的"九尽"之时，于是"九九加一九，耕牛遍地走"。现在我们往往是以日平均气温 ≥ 5℃作为物候春季开始的阈值。

古人设定的惊蛰时节的典型物候标识是"桃始华"和"仓庚鸣"，桃花开放，黄鹂歌唱。一个是视觉部分，一个听觉部分，惊蛰物候变得"有声有色"。

其实古代的花鸟画，就是对于"有声有色"物候的艺术表达。借用现代网络流行语，花鸟画就是关于时令物候的 CP 系列（CP，源于英语中的 coupling 一词，意为配对）。

我特别喜欢的时令物候 CP 系列作品，是清代余穉的《花鸟图》。

清　余穉　花鸟图册十二开　故宫博物院藏

惊蛰神　关海涛绘

传说中的雷公

惊蛰神几乎都是雷公的形象，
鸟嘴，鹰爪，髻冠，有的带着翅膀。
服饰上，领巾、坎肩、飘带，
但有些版本的惊蛰神是赤裸着上身。
手持法器——雷楔、雷砧或者斧子。

民间绘制的惊蛰神，几乎只有一个主角：雷公。

孙悟空的面容，被称为毛脸雷公嘴。雷公的形象是长着鸟嘴、鸟的爪子、鸟的翅膀，手里拿着鼓槌，击鼓轰雷。如同一只狂躁的大鸟，在天空中一边捶打天鼓，一边任性地张牙舞爪扇翅膀，云天鼓震，电闪雷鸣。在古代，雷神也被视为惩罚罪恶之神，为人间主持正义。所以人们对雷电，既有恐惧，也有尊崇。

在古代，有专门负责雷电天气的雷神，这是人们对于雷电威严的神化表达。

敦煌莫高窟第 285 窟中的雷公形象

《论衡》中描述的雷神形象："图画之工，图雷之状，累累如连鼓之形。又图一人，若力士之容，谓之雷公。使之左手引连鼓，右手推椎，若击之状。其意以为雷声隆隆者，连鼓相扣击之意也。"

《山海经》中描述的雷神形象："雷泽中有雷神，龙身而人头，鼓其腹则雷也。"

虽然古代雷神的形象不断演化，但后期大多是鸟嘴、猴形，且有一双翅膀以及锤形武器，可以在空中击鼓而雷。

在很多国家的文化中，雷神都被认为是一种鸟，雷鸟或者雷鹰。因为雷来自空中，人们首先想到的便是鸟，猜测或许是什么鸟扇动翅膀便激发雷声。

在民间的版本中，作为惊蛰神的雷公，形象和服饰大体近似。但雷公的肌肤，有的是肉色的，有的是青色的。雷公手中的法器也各有不同，有的双手执槌；有的一手执楔，一手持锥，也被称为雷公凿和雷公锤。在人们的意念之中，雷公的一锤定音，便是万物启蛰的"发令枪"。

汉代《春秋纬元命苞》：阴阳聚为云，阴阳怒则为风，阴阳和而为雨。阴阳激为电，阴阳交为虹霓，阴阳凝为霜，阴阳气乱而为雾。

古人试图以阴阳之间的互动关系，解读各种天气现象。古人认为"阳与阴气相薄，雷遂发声"。春暖之后，阳气不再潜藏，而与阴气正面交锋，于是"震气为雷，激气为电"。

随后，雷神又被分为两个角色：雷公和电母。雷公执锤，电母执镜，联袂造就炫目震耳的声光电效果。对流性的雷电现象，其管理机构，仿佛是一个"夫妻店"。

由雷公担任惊蛰神，说明在人们的意念之中，蛰伏之物是因雷而惊。但实际上惊蛰节气之名，却与雷无关，而是"阳和启蛰，品物皆春"，是渐至的温暖唤醒了蛰伏冬眠的动物。

所以我这样表述：使蛰伏冬眠动物从梦中苏醒的，不是有声的惊雷，而是无声的温度。温暖，比雷霆更有力量。

在汉代，人们将阳气所激发的战鼓般喧天震地的声音，称为"春分之音"。七十二候中"雷乃发声"和"始电"也都是春分的节气物语。

可见，在二十四节气创立之初，春分便已被确定为初雷鸣响的气候时间。惊蛰时节，在北方地区，盛行的是"给点阳光就灿烂"的九九艳阳天，初雷通常是在谷雨时节。而在南方，特别是长江中下游地区，往往是"微雨众卉新，一雷惊蛰始"。惊蛰，是南方初雷鸣响的时节。所以由雷公担任惊蛰神，与南方地区的气候比较契合。

紫禁城太和殿垂脊兽"行什"，传说是雷震子的化身，可防雷震火

元　盛昌年　柳燕图轴（局部）　故宫博物院藏

东风试暖。

每年 3 月 20 日前后交节。

雨洗娟娟净，风吹细细香。

汉代《风俗通义》：鼓者，动也。春分之音，

万物含阳，皆鼓甲而动也。

在古人看来，"春分者，阴阳相半，昼夜均而寒暑平"，春分洋溢着气候的平和之美。

"更斜袅、东风应时。宜入新春，人随春好，春与人宜。"

虽然赵师侠的《柳梢青》是写给立春的，但对于节气起源地区而言，春分时节，温润的东风才开始成为盛行风；春分时节，气候意义上的春才翩翩而来。孟春若冬，季春若夏，仲春才最是春天。春分时节，才是真正的"人随春好，春与人宜"。

当然，倘若以年平均气温界定"寒暑平"，节气起源地区大多是在清明和寒露时节（即春分之后和秋分之后的节气）达到寒暑平衡的状态。严谨而言，春分近寒，秋分近暑。

农历二月，有诸多唯美的别称。它或被称为丽月，景色俏丽的月份；或被称为令月，美好、吉祥的月份。它还被称为如月，如者，随从之意，万物相随而出。也有人将"如"解读为顺从，万物顺应着渐渐回暖的天气，相继复苏。也有人将"如"解读为延续，温暖在承上启下地延续着，生命的活力也在延续和增长。

春分神　关海涛绘

至美的天女

春分神，如同戏曲《天女散花》中的宫装天女，
手持团扇或书卷，
做着双翻袖等戏剧"招式"，
仿佛舞台上的"亮相"POSE（姿态）。

《淮南子》中描述春天，说"孟春始盈"是"柔惠温凉"的时节。感觉春天的性情像一位淑女。人们看到的，仿佛是东风打扮出的一位春姑娘。这时的风雨，也被描述为"沾衣欲湿杏花雨，吹面不寒杨柳风"。即使有风雨，也柔和温润，已不是初春时的冷雨，尚没有暮春时的骤雨。对于人们来说，春天的毛毛细雨，保湿润肤效果最好。易吸收不黏腻，水润持久无刺激，完全免费纯公益，属于美容类降水。

春分三场雨，遍地生白米。

春分有雨病人稀，清明有雨庄稼猛。

人们历数着春雨的各种好处，降燥、除尘、润物、怡情。用杜甫的话说，是："雨洗娟娟净，风吹细细香。"谚语说"春分雨水香"，一是因为它带着嫩绿时节清新的味道，二是植物返青阶段渴望春雨。而且大家希望春雨的时空分布均衡，时间上调匀，空间上普惠。如辛弃疾所言："父老争言雨水匀，眉头不似去年愁。"

如果说龙王扮演的雨水神和雷公扮演的惊蛰神，形象都略显凶悍的话，接下来的春分神"画风"突变。

民间绘制的春分神，是一位秀外慧中的仕女，通常是手执团扇、满面春风的形象。

清　任熊　姚大梅诗意图册之一　故宫博物院藏

　　或许,用现在的话说,是长着一张"初恋脸"的风情曼妙的女神。云肩、坎肩、长裙、短裙、腰裙、飘带裙、腰箍、腰带、佩、珠玉绶、彩裤……人们为了呈现意念中完美的女性形象,而做了很多细节上尽可能精微的添绘。

　　其实,人们笔下的春分神,也正是人们平常所说的春姑娘。民间关于气象的称谓,几乎都像是长辈,例如风伯、雨师、雷公、电母、寒婆婆、雪婆婆、冬将军。只有春,被称之为春姑娘。人们或许在春天,才有情不自禁的审美心。

　　春分神,仿佛是一位护生天使,优雅而温婉,细润而轻盈。眼语笑靥,在天庭端详着大地上蛰虫启户、草木青葱的复活节。

　　仕女图,是国画题材中的一个重要分目。尽管大家笔下的春分神都是仕女，但人们都极尽工微地将春分不同的风物之美幻化为仕女不同的风情之美。人们以颜值最高的节气神赋予体感最好的节气，这是由天及人的移情。"天下名山胜水，奇花异鸟，唯美人一身可兼之"，霞帔水袖的仕女，无论抚琴、烹茶，无论驻足、徐行，无论赏花寻芳，还是簪花理妆，皆是春分。

清宫之中，除了体现安全诉求的武将门神、体现福禄诉求的文官门神，还有体现春天意境的仙女门神。

《钦定大清会典》对该式门神形制的描述为："右幅翠蓝色上衣，白裙描竹叶纹，一手执拂尘，一手扶锄柄，以锄荷篮，内置蟠桃。左幅仙姑紫衣，白裙描折枝花，服饰姿态与右侧相同。"

无论是宫廷的仙女门神，还是民间的春分神，都是仲春风物之美的视觉表达。

清　仙姑门神一对　故宫博物院藏

明 仇英 人物故事图册之捉柳花图（局部） 故宫博物院藏

清明

万物齐乎巽。

每年 4 月 5 日前后交节。

清明也，尚阴晴莫准，蜂蝶休猜。

汉代《三统历》：清明者，谓物生清净明洁。

清明是物候类节气。其清，包括了温度清爽、草木清新；其明，包括了阳光明媚、万物明丽。它几乎是人间理想化的代名词，是夸赞自然风物和政治法度的共用词汇。所以，清明节气体现天气的英译 "Pure Brightness" 或者迁就清明二字的英译 "Clear and Bright"，都很难体现清明如此丰富的意蕴。难为译者了！

什么是清明？"万物齐乎巽，物至此时皆以洁齐而清明矣。"

万物齐乎巽。巽，特指东南风，也泛指风。在古人眼中，是盛行风的转变，是和暖、湿润的风，造就了万物春生，一切因风而齐。

《淮南子》中更是将清明称为"清明风至"，将风视为清明节气的时令特质。

《庄子·齐物论》："大块噫气，其名为风。"风被拟人化地描述为大自然所呼出的气息。据此而论，清明便是大自然呼吸急促的时节。

阳春时节的春风，是暖湿气流的"急行军"。所以人们赞颂春风，实际上赞颂的是暖湿气流的暖和湿，第一是暖，春风送暖；第二是湿，春风化雨。

"正月寒，二月温，正好时候三月春"。在我看来，如果以人格化的形象表征宜人的清明，本该是沈从文笔下"一个正当最好年龄"的女子。如果必须要彰显"清明风至"的特质，清明也应该是清爽、明快、令人如沐春风的"风一样的女子"。

中国古代的二十四番花信风,"风应花期,其来有信也",最初特指阳春三月时应和花季的风:"三月花开时风名花信风。"

风有常,花有信,这是风与花私相约会的时节。以一位如花女子"代言"花事繁盛、风气含香的清明,似乎再好不过了。

据南宋程大昌《演繁露》对"花信风"所述,自小寒至谷雨共八气、一百二十日,每五日为一候,计二十四候,每候应一种花信。二十四花信如下:

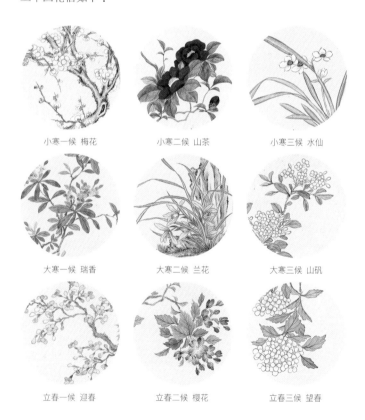

小寒一候 梅花　　　　　小寒二候 山茶　　　　　小寒三候 水仙

大寒一候 瑞香　　　　　大寒二候 兰花　　　　　大寒三候 山矾

立春一候 迎春　　　　　立春二候 樱花　　　　　立春三候 望春

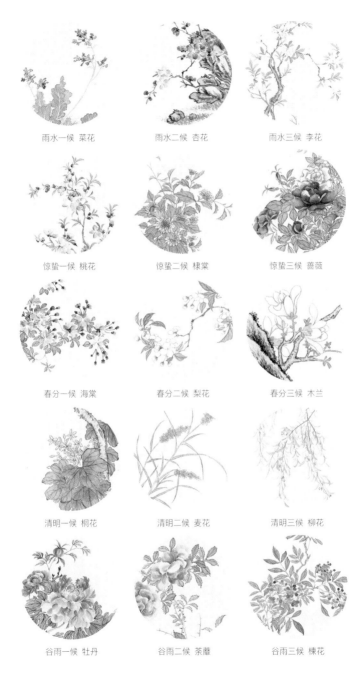

雨水一候 菜花　　　　雨水二候 杏花　　　　雨水三候 李花

惊蛰一候 桃花　　　　惊蛰二候 棣棠　　　　惊蛰三候 薔薇

春分一候 海棠　　　　春分二候 梨花　　　　春分三候 木兰

清明一候 桐花　　　　清明二候 麦花　　　　清明三候 柳花

谷雨一候 牡丹　　　　谷雨二候 荼蘼　　　　谷雨三候 楝花

清　董诰　二十四番花信风图册　台北故宫博物院藏

清明神 关海涛绘

"一见大吉"的白无常

清明神，头上戴着白无常帽，
上书"一见大吉"，但也有的头戴笠帽。
令人想到魂灵和鬼魅的时节，
由保佑吉祥的白无常坐镇清明。

民间绘制的清明神，往往是很邪魅的形象。民间的清明神，大多是绰号"白无常"的谢必安。人们尊称其为七爷，这是源自道教的一位神祇。

他通常是草鞋、便服，有的甚至赤裸上身，手持纸伞或芭蕉扇（也有的手持羽扇或者折扇，甚至还有旧时拘传之用的火签），口吐长舌，行走的步态缓慢。他身材高挑，面容白皙，满面笑容，头顶的官帽上写着"一见生财"或"一见大吉"四个字。

为什么民间的清明神是白无常（谢必安）呢？

或许有两个主要原因：一是因为清明气候，二是因为清明习俗。

从气候层面看，阳春虽好，但清明时节天气变化节奏过快，体现着无常，"春雨如暗尘，春风吹倒人"。

清　白色布书"一见大吉"字吊客巾
故宫博物院藏

清代的《清嘉录》中写道："清明前后，阴雨无定。俗称'神鬼天'。有诗云：劈柳吹花风作颠，黄沙疾卷路三千。寄声莫把冬衣当，耐过一旬神鬼天。"

可见在南方，清明时节的天气，神也是它，鬼也是它。一天之中，天气给人的感觉，有可能是天堂地狱一日游。清明的天气很无常，就如同贾平凹先生在《老生》中写的一句话："人过的日子必是一日遇佛，一日遇魔。"

《易经》云："一阴一阳之谓道，阴阳不测之谓神。"

道，表征的是有常的定数；神，表征的是无常的变数。人们祈盼气候守常态，风调雨顺；担心气候生异象，风邪雨霾。无常，是人们对于变数的一种刻画方式，体现着对未知和不测的一种忧虑和恐惧。

我之所以将宋代葛长庚的"清明也，尚阴晴莫准，蜂蝶休猜"作为清明的天气简语，是想说清明时节"阴晴莫准"，连蜂蝶这样的"动物气象台"都猜不准。人类气象台能"猜"准，是不是也挺难的？

阳春时节，有人却会很超前地敏感："乍过清明，早觉伤春暮。数点雨声风约住，朦胧淡月云来去。"没到谷雨，刚过清明，正是春意最盛之时，就已经开始伤春了。这便是诗人心态，并非着眼于当下的繁荣，而是繁荣之后即将到来的落寞。

清明过后，雨稀稀落落的，风也善解人意地小了，春夜的月游走于春雾之中，像是一幅关于朦胧美的素描。

从民俗层面看，人们清明时有着特定的心理诉求。清明曾经风行插柳。所以清明，也有"柳户清明"之说。起初，清明最具代表性的习俗，其实都是人们与阳春物候的快乐互动。

南宋　佚名　晴春蝶戏图页　故宫博物院藏

　　但是，清明渐渐融汇了古代的上巳节和寒食节，这是中国节日体系中最大的一宗"兼并重组"。于是景色俏丽、踏青游春的清明，更成为慎终追远的清明。

　　谢必安这个名字的寓意是"酬谢神明者必然安康"。人们在清明时节祭拜神灵、祭祀先祖，希望谢必安这位节气神能够保佑安康，并且驱鬼逐魔。"谢必安"，似乎可以为清明祭祀提供一种心理慰藉。

清　余省　牡丹双绶图轴（局部）　故宫博物院藏

雨生百谷。

每年 4 月 20 日前后交节。

榆荚雨酣新水滑，楝花风软薄寒收。

《礼记·月令》：生气方盛，阳气发泄，句者毕出，萌者尽达。

在人们心目中，春天最唯美的，是花事，"一春心事为花忙"。暮春时节的物候，是"鸟弄桐花日，鱼翻谷雨萍"。而由春到夏的变化，是由繁花到茂叶的变化，"春至花如锦，夏近叶成帷"。这是草木"添枝加叶"的时节。

古人说"雨生百谷，故曰谷雨"。这既是谷雨节气名的由来，也是谷雨时节气候的写照。

在二十四节气起源地区，从前谷雨时节的降水量，既多于之前的清明，也多于之后的立夏。如果说"春雨如恩诏，夏雨如赦书"，那么谷雨节气，便是"恩诏"中的雨露真正惠及万物之时。人们希望"恩诏"能够施行普惠制，"阳春有脚，经过百姓人家"。

在古人眼中，阳春三月，上苍"承阳施惠"，是普惠众生的时节。但清明和谷雨的工作重点又略有不同，清明是回暖更显著，而谷雨是雨泽更丰沛。于是，万物渐渐适应了这种先洒阳光、后赐雨露的流程，于是"清明宜晴，谷雨宜雨"，清明的时候舒展筋骨，谷雨的时候吸纳雨露。

谷雨时节，正值冬小麦的抽穗灌浆期，日均需水量是越冬期的十几倍，是返青期的三倍，是最渴求雨水的时候。"谷雨前后一场雨，胜过秀才中了举。"但人们理想化的诉求，又不止"谷雨宜雨"这么简单。人们心目中最好的春雨是"入土深透"的雨，是"旋即晴霁"

的雨。麦穗的丰盈饱满，需要阳光充足和雨露充沛的双重加持。

当然，需要春雨的，除了宿麦，还有新秧。"清明断雪，谷雨断霜"，"清明下种，谷雨下秧"。有了春暖，旱地才能播种；有了春雨，水田才能插秧。"春天里的泥，秋天里的米。"

杨万里《插秧歌》："笠是兜鍪（móu）蓑是甲，雨从头上湿到胛。"人们在雨中抢插稻秧，戴着斗笠，穿着蓑衣，全副武装，但雨水还是从头顶流到脖子又流到肩膀，顾不上擦，甚至连饭都顾不上吃。对于农民而言，错过了谷雨，便辜负了时节，"三月种瓜结蛋蛋，四月种瓜扯蔓蔓"。

清人画胤禛耕织图像册之插秧　故宫博物院藏

古代社会，温饱源于耕织。对于耕织的勉励，叫做"劝课农桑"。谷雨时节的"鸣鸠拂其羽"和"戴胜降于桑"，就是一种物化的"劝课农桑"。

"鸣鸠拂其羽"，是以布谷鸟为标识，催促种田之事；

"戴胜降于桑"，是以戴胜鸟为标识，提示养蚕之事。

人们心目中，它们是天时之令的发布者。

辛弃疾词云："看云连麦垄，雪堆蚕簇。"暮春初夏时节，田野中麦熟如黄云连天，蚕房中簇簇新蚕如白雪皑皑的山峦。于是他感慨："若要足时今足矣，以为未足何时足？"如果知足，眼前的一切足以令人知足；如果不知足，究竟何时才能知足啊！

可见农耕社会中，"云连麦垄，雪堆蚕簇"是人们最大的满足。陆游也曾描述道："纷纷红紫已成尘，布谷声中夏令新。夹路桑麻行不尽，始知身是太平人。"

清人画胤禛耕织图像册之录茧　故宫博物院藏

谷雨神　关海涛绘

和蔼的雨师

谷雨神是人们心目中雨师的形象，
通常为道士扮相。
左手持水钵，右手握青苗，做轻轻泼洒状，
以甘霖施惠万物。

按照古代的月令，这时官员要深入民间，"循行国邑，周视原野"。

因此，民间一个版本的谷雨神，是身着便服，仿佛在田间地头"现场办公"的雨师。因为是"现场办公"，所以他穿着近乎便服的衣袍，有的发髻上簪着莲花冠。八字步或弓箭步，福字履或夫子履。

风伯雨师体系中的雨师，他右手握着禾苗，左手拿着承接雨水的钵体，一手抓需求侧，一手抓供给侧。

另一个版本的谷雨神，是文质彬彬的一位书生。

谷雨时节，"句者毕出，萌者尽达"。弯曲的芽儿皆出世，娇嫩的叶儿初长成。草木由"卖萌"到青葱，有如诗文之美。但春季即将结束，迎春、探春之后，人们开始惜春。"留春不住欲如何？"真的是"人间暮春，雨落情长"。

或许，作为谷雨神的书生，是暮春风物最好的吟咏者和怜惜者。

《淮南子·原道训》中有一番浪漫的比喻："以天为盖，以地为舆；四时为马，天为冠盖，地为车舆，而四季如同驷马，在或繁盛或萧瑟的时光中行走。

《管子》：
当夏三月，天地气壮。

《黄帝内经》：
天地气交，万物华实。

夏季是时光的车马最快意的旅程。
天气与地气，它们的阳刚与阴柔，有了最炽烈的交集，万物在它们的宽纵之下，如愿而生，遂意而长。

在古人眼中，夏季是阳气的鼎盛时段，"阳气浮长，故为茂盛而华秀也"，所以万物并秀。："阳气浸盛，乐由阳来也"，所以是万物快乐的狂欢节。

夏。夏为长赢。夏之气和则赤而光明。

熏风阜物。

每年 5 月 6 日前后交节。

晴日暖风生麦气，绿荫幽草胜花时。

《尸子》：是故万物莫不任兴，蕃殖充盈，乐之至也。

在古代的月令中，每到天文季节更替之时，天子都会亲自率领三公九卿诸侯大夫到郊外恭迎新季节的到来。立春到东郊，立夏到南郊，立秋到西郊，立冬到北郊。迎候的方位，显然是依照盛行风的来向。这是季风气候国度，人们细腻地观察和领悟。

立夏之日，为什么要到南郊去迎候夏天呢？

因为古人觉得，夏天自南而来，是南风送来的。而人们衣食温饱所需要的各种物产都是夏天长出来的，所以古人认为，我们的丰饶和富足是拜南风所赐，所以有"熏风阜物"之说。

《楚辞》曰："滔滔孟夏兮，草木莽莽。"

先秦时期的《南风歌》："南风之薰兮，可以解吾民之愠（yùn）兮。南风之时兮，可以阜吾民之财兮。"南风如果能够来，可以消除民众的烦恼；南风能够按时来，可以增加民众的财富。

春秋时期《范子计然》：风顺时而行，雨应风而下。

在季风气候背景下，因为风调，所以雨顺。于是，人们盼望着每个时节的盛行风能够如期而至；于是，风调雨顺成为中国人最高的气候理想。

中国夏季风降水的水汽来源，一是来自南海的南风，二是来自孟加拉湾的西南风，三是来自太平洋的东南风。在人们眼中，它们可以统称为南风。共同的属性是温暖而湿润，它们不远万里地为我

戊戌小秋载新篁华
惠山晓渡图 陆□

清　陆远　夏山捕鱼图轴　故宫博物院藏

们空运"包邮"海量的水汽，然后再以成云致雨的方式留给大地。所以，感恩南风。

当然，在人们看来，炎热的天气也是南风所致，"四时天气促相催，一夜薰风带暑来"。在百花销残、天气渐热的立夏，诗人们总会有万千感慨。

但靠天吃饭的农民，或许没有感慨，只有期待。因为所谓靠天吃饭，其实是靠夏天吃饭。

南宋郑樵《通志》：后汉自立春至立夏尽立秋，郡国上雨泽。若少，郡县各扫除社稷，公卿官长以次行雩礼。

东汉以降，从立春到立秋，各地都

要向朝廷奏报降水情况（没有强制性地要求奏报其他气象要素的状况），如果降水偏少，各地的行政长官和"有关部门"都要祭神祈雨。显然，人们关注气候，其实主要是关注雨候。

《三礼义宗》："四月立夏为节者，夏，大也，至此之时物已长大，故以为名。""是故万物莫不任兴，蕃殖充盈，乐之至也。"立夏的特点，是万物都在生长，尽兴地、无拘无束地生长。

《淮南子》："季夏德毕，季冬刑毕。"

在古人看来，上苍对万物，自立春开始赐予恩德，春生；自立秋开始施以刑罚，秋收。

因此，天子在立春恭迎春天之后，赏赐文官，借由文官，传递体现"德"的政令；立秋恭迎秋天之后，赏赐武将，借由武将，执行体现"刑"的军令。

而天子在立夏恭迎夏天之后，却是赏赐所有人，分封、褒奖，文要举荐，武要选拔。大家"无不欣悦"。总之，立夏之日，天子要像夏季的天气一样，遍施雨泽，让大家雨露均沾。

清　杨晋　夏日山居图轴　故宫博物院藏

立夏神　关海涛绘

威风凛凛的大将军

手持长戟（枪或剑）的立夏神，
头戴京剧中的元帅盔，内着儒袍，外披铠甲，
或许是在以各种细微的情节，
体现着夏季外表峻酷，内心温厚。

立
夏
神

"孟夏之日，天地始交，万物并秀。"立夏时节，所谓的天之气和地之气开始交合，雨热同季，悬念丛生。因此，护佑"万物并秀"的立夏节气神，必须是既有金刚法力，又有菩萨心肠的人。

于是，立夏神，通常由关公担任。而且关公的红脸，也体现了夏季"盛德在火"的属性。

明　商喜　关羽擒将图轴　故宫博物院藏

立夏开始，天气开始体现一个"火"字。人们乐于夏，或苦于夏，也都是因为这个"火"。就像一首歌的歌名，夏天是《让我欢喜让我忧》。

　　民间绘制的立夏神，有这样一个共同的细节：袖子部分，一半是武将服饰，一半是文官服饰，以示其文武双全，德刑并用。

　　立夏神，往往还有着端袖、推髯、按掌的动作，威而无怒，仿佛夏三月"使志无怒"的图示版。

　　民间绘制的立夏神，借用了人们对于关公形象的传统认知。正如高尔基在《苏联的文学》中所言："古代著名的人物，乃是造神的原料。"

明　泥塑关羽立像　故宫博物院藏　　　　　　清　粉彩关羽坐像　故宫博物院藏

立夏神的另一个版本，是一位劳农亲民的地方官吏。

万物，天生地养。春季主要仰仗天，播撒阳光雨露，春华繁茂之后，是否能秋实丰硕，就开始主要依赖地了。以地利所殖，使得"一方水土养一方人"。

人们绘制时，往往会让作为立夏神的地方官吏长得略显富态，以富态隐喻"福泰"。但眉宇间透着坚毅与威严，虽是文官身份，却有武将相貌。阳气渐盛的节气，其代言者自当一身正气。进入夏季，百谷长，百毒生。一方官吏守土有责，既要保护禾谷蚕桑，又要清除蚊蝇蛇蝎。立夏神，是一位既能安良又能除暴的"父母官"。

清人画胤禛耕织图像册之收刈　故宫博物院藏

宋　林椿　枇杷山鸟图页（局部）　故宫博物院藏

运臻正阳。
每年 5 月 21 日前后交节。
绿遍山原白满川，子规声里雨如烟。

汉代《月令章句》：
百谷各以其初生为春，熟为秋，故麦以孟夏为秋。

　　二十四节气创立之后，大家对节气名称争论最多的，便是小满。
"二十四气其名皆可解，独小满、芒种说者不一。"

　　为什么这个节气叫做小满？主要有三种观点：

　　第一种观点，小满是指麦子的籽粒未满但将满，即将饱满。"斗指甲为小满，万物长于此少得盈满。麦至此方小满而未全熟，故名也。""小满者，物至于此小得盈满。"当然，可以特指麦子，也可以泛指各种夏收作物即将饱满，小满节气的英译之一"Lesser Fullness of Grain"便体现了这种泛指。

　　第二种观点，小满之名与麦子无关，所谓满，是指阳气。它象征着阳气小满，阴气将尽。

　　天地之间充盈着阳气，"四月维夏，运臻正阳"。也就是说，小满节气所在的农历四月，阳气几近日在中天的巅峰状态。所以小满是"正阳时节"。虽然夏至是理论上白昼时间最长的时节，但在北方地区，日照时数最多的，基本上都是小满时节。

　　第三种观点，小满的满，代表雨水增加了，江河湖塘涨满了。华南谚语说："小满江河满。"这虽不是节气创立之初的古意，属于新解，但却是南方地区根据自身气候所进行的本地化注释和修订。这也是二十四节气在传承和应用的过程中，因地而异的发展。

　　所以关于节气，我们既要追根溯源，理解它的气候本意，也要

清　袁耀　山庄秋稔图轴（局部）　故宫博物院藏

与时俱进，使它萌生新意。

基于以上三种观点，我更倾向于将小满译为 Approaching Fullness。

对于冬小麦主产区而言，小满节气"麦秋至"。

什么是"麦秋"？

汉代蔡邕："百谷各以其初生为春，熟为秋。"

元代吴澄："此于时虽夏，于麦则秋，故云麦秋也。"

清代孙希旦："凡物生于春，长于夏，成于秋。而麦独成于夏，故言麦秋，以于麦为秋也。"

按照春生、夏长、秋收、冬藏的理念，虽然这时候对我们来说是夏天，但对于即将成熟的麦子来说，已经是它们的秋天了。

"风斜雨细，麦又黄时寒又至。偕妇耕夫，画作今年稔岁图。"

就气候而言，暮春初夏时节总会有一段轻寒天气。古人将其称为"麦秀寒"。

此时如果雨不大，风并无妨，所以"麦秀风摇"并不被视为灾害。稍微冷一些，反倒会激发麦子的生长潜能。谚语说"麦冻秧，憋破仓"。因此面对"麦又黄时寒又至"，农民们往往在构想着丰收的情景。

南宋　佚名　耕获图页　故宫博物院藏

小满神　关海涛绘

"走基层"的地方官

小满神，通常身着清代官服，
手持物多为烟具和折扇，
仿佛是熟稔农商的一位钱粮师爷，
在禾谷将熟之时走巡田亩，感触年景。

民间的小满神，是一位巡视乡野的官吏。这时正是夏收前青黄不接的时候。

按照《礼记·月令》的说法，这个时候官员要"出行田原"，代表天子对农民进行慰问和鼓励，希望大家"毋或失时"。

农耕进入一年之中最繁忙的时段，千万不要贻误时令。希望渐趋饱满的籽粒，能够化为农人丰厚的收成。

而小满神的服饰，大多为清代官服，头戴清代笠帽，脚踏厚底靴，身着补褂、素箭衣、云肩。这与其他的节气神的服饰规制迥然不同。

民间绘制的小满神，角色虽然都是基层官吏，但其身形、容貌及其"道具"，却版本繁多，颇具喜感。甚至，有人绘制的小满神还戴着度数很高的圆框老花镜，有着旧时的教书先生范儿。有的出奇地瘦高，有的夸张地矮胖；有的一手拿着烟袋，一手拿着扇子；有的一手拿着烟袋，一手拿着水碗。扇子和水碗都是小满时节干热天气的贴切注脚。

芒种

亦稼亦穑。
每年6月6日前后交节。
家家麦饭美，处处菱歌长。

《周礼·地官》：泽草所生，种之芒种。

芒种一词最早出现在《周礼·地官》中："泽草所生，种之芒种。"意为只要是能长草的水田，就可以种麦子或者稻子。当然，这句话中，是读作芒种（zhǒng），芒种泛指长着芒刺的各种谷物。

芒种节气是什么意思呢？

元代吴澄《月令七十二候集解》："五月节，谓有芒之种谷可稼种矣。"从主要的粮食作物来看，是：有芒的麦子该收了，有芒的稻子该种了。所以芒种时节是"亦稼亦穑"。又得收，又要种，"栽秧割麦两头忙"。

虽说是收和种两头忙，但芒种节气的名称本意，重点还是种。所以芒种，也经常被人写成"忙种"。节气之名更侧重于前瞻性地提示人们赶紧种稻，千万别错过天时。谚语说："小满赶天，芒种赶刻。"芒种之所以成为最忙碌的节气，与稻麦两熟制有关。

稻麦两熟制，始于北宋初年，发展于南宋，并逐渐成为一种广泛的耕作制度。

优势一：气候冷干则麦子收成好，气候暖湿则稻子收成好，这是一种对冲思维。以针对气候的对冲，作为保障温饱的底线。

优势二：稻子，即使早稻，也是仲春时播，盛夏时收。而麦子深秋时种，初夏时收，麦子可以解决青黄不接的问题，并提高土地利用效率。

元　佚名　嘉禾图轴（局部）　台北故宫博物院藏

　　优势三：旱地和水田的轮作，不仅可以保障土壤的肥力，也降低了作物病害和虫害对环境的适应性。

　　小满之后的节气为什么不是大满呢？

宋代马永卿《懒真子》："麦至是而始可收，稻过是而不可种矣。古人名节之意，所以告农候之早晚深矣。"

明代郎瑛《七修类稿》："二十四气有小暑大暑、小寒大寒、小雪大雪，何以有小满而无大满也？夫寒暑以时令言，雪水以天地言，此以芒种易大满者，因时物兼人事以立义也。盖有芒之种谷，至此长大，人当效勤矣。节物至此时，小得盈满，故以芒种易大满耳。"

清　道光款粉彩耕织图盘　故宫博物院藏

因为这是一个特别需要赶时间的时节，小满之名提醒大家做好收麦子的准备，芒种之名提醒大家做好种稻子的准备。古人为节气起名字，是颇有深意的。言外之意是：如果小满之后是大满，大家就容易懈怠，节气之名就没有起到督促人们种稻的作用。

小满和芒种，提示人们收麦穗、插稻秧。它们集中地体现了人们对于主粮的重视。

芒种神　关海涛绘

劝课稻作的童子

芒种神通常被绘制成芒神的模样，
头上有笠帽、腰间有飘带的赤脚童子。
人们让句芒重现，或许觉得他不仅可以司春，
春天劝耕，夏天劝稼。

民间绘制的芒种神，大体上有两种版本。

一个版本，芒种神是句芒神。句芒神本是春神，后来成为主管耕牧之神。句芒神，简称芒神。于是，人们将芒神视为芒种神。

芒神的形象，是一位牧童。他担任芒种神时，其手中的"道具"颇有深意。

芒种，是收麦子、种稻子的时节。所以芒种神，左手拿着一根细鞭，鞭策麦收；右手攥着一束稻秧，催促稻种。不过，很多人笔下的芒种神，已不再是童子，而是一位翩翩少年。似乎在人们的意念之中，从立春到芒种，牧童悄然长大了。

与担任立春神的句芒神一样，芒种神装束的细节中，也有对于气候的预测。芒种神穿草鞋代表当年降水偏少，光着脚高束裤管代表当年降水偏多。由耕牧之神亲自担任立春神和芒种神，或许说明这是人们眼中两个最关键的农事节气：立春时，芒神劝春耕；芒种时，芒神劝夏种。

芒种神的另一个版本，是古代的一位粮官。

芒种之时，正值麦收。麦收有五忙：割、拉、打、晒、藏，这是一条龙的流程，需要一气呵成地完成。"抢收急打场，收到仓里才算粮。"中间任何一个环节遭遇恶劣天气，都可能意味着半年的收成，功亏一篑。

但麦收时节，往往天气险恶。以北京为例，一年之中42%的冰雹发生在6月，6月里76%的降雨都伴随着雷暴大风。麦收有三怕：雹砸、雨淋、大风刮。所以在降水增多、雷暴大风冰雹的高发期，麦收真的是"龙口夺粮"。

所以，由粮官担任芒种神，由"专业人士"监督麦收进程，管理归仓之粮，体现着人们对于夏收的重视，毕竟"麦足半年粮"。希望天下熟、仓廪实，这是国泰民安的物质基础。

清　粉彩耕织图瓷片板画　故宫博物院藏

明　陈洪绶　红荷图轴（局部）　故宫博物院藏

夏至

梅熟时雨。
每年 6 月 21 日前后交节。
和风吹绿野，梅雨洒芳田。

《夏小正》：时有养日。养，长也。

"昼晷已云极，宵漏自此长"，夏至日是北半球白昼最长、黑夜最短的一天，从前也叫作"日北至"。这一天，阳光直射点达到最北（北回归线），大体上就是云南红河到广西百色到广州到台湾阿里山一线。北回归线，也常被人们称为"太阳转身的地方"。

正午时分，太阳真的是"日在中天"。平常是立竿见影，但这时却是立竿不见影。

但夏至日是白昼最长，既不是日出最早，也不是日落最晚。而且各地日出最早的日期、日落最晚的日期各不相同，只有白昼最长这一点是一致的，这是古人所提炼的共性。

对于南方而言，夏至时节应该是一年之中日照时间最长的时候，但理论上的日照"很丰满"，而实际上的日照却"很骨感"。为什么呢？

很多地方阴雨连绵，雨经常下得天昏地暗，人们根本无法享受到本该拥有的日照。对于南方地区而言，"芒种夏至是水节"，降水量最大的节气。谚语云"夏至未过，水袋未破"。是说到了夏至时节，天上装满水的袋子破了，所以总在下雨。

明代王象晋《群芳谱·天谱》："时雨最怕在中时，前二日来谓之'中时头'，必大凶。若到得末时，纵有雨，亦善。谚云：'夏至未过，水袋未破。'"

"一川烟草，满城风絮，梅子黄时雨"。在长江中下游地区，"梅熟而雨曰梅雨"。梅熟时雨，通称"梅雨"。

《清稗类钞》中记载了桐城派大家方苞、姚鼐关于梅雨的一段争论：

> 乾隆末，桐城有方、姚二人，同负时望，而议论辄相抵，每因一言，辩驳累日，得他人排解始息，久竟成为惯例。一日，同赴张某家小饮，酒后闲谈，偶及时令，方谓黄梅多雨，姚谓黄梅常晴。
>
> 方曰：唐诗黄梅时节家家雨，子未知耶？
>
> 姚曰：尚有梅子黄时日日晴句，子忘之耶？
>
> 方怒之以目，姚亦忿忿，张急劝解曰：二君之言皆当，惜尚忘却唐诗一句，不然可毋争矣。
>
> 方、姚齐声问何句，张曰：熟梅天气半阴晴，非耶？

梅雨是气候现象，但年际差异很大。如果是以一句诗来界定气候多雨时段的天气样貌，"熟梅天气半阴晴"说的是常梅，"黄梅时节家家雨"说的是丰梅（丰梅的气候概率达 41%），"疏疏数点黄梅雨"说的是枯梅，"梅子黄时日日晴"说的是空梅（空梅的气候概率只有 2%）。

所以姚鼐所引的"梅子黄时日日晴"百年两遇的小概率事件，而方苞所引的"黄梅时节家家雨"才是人们记得住的乡愁。

北宋末年，陈长方在《步里客谈》中解析梅雨：江淮春夏之交多雨，其俗谓之梅雨也。盖夏至前后各半月，或疑西北，不然。余谓东南泽国，春夏天地气变，水气上腾，遂多雨，于理有之。

历书通常以芒种之后的第一个丙日和小暑之后的第一个未日作为入梅与出梅的日期。长江中下游地区的气候平均入梅日期是 6 月

15 日，出梅日期是 7 月 9 日，始于芒种二候，终于小暑一候，贯穿整个夏至时节。所以，虽然芒种被视为梅节令，但夏至时节才是梅雨季的盛期。

常年而言，登陆中国的第一个台风的平均日期是 6 月 27 日，正值夏至时节。

在传统的节气文化之中，与夏至相关的天气焦点一个是梅雨，一个是高温。而夏至时节，沿海地区台风季的开启，并不在秦汉时期节气文化的视野之内。到了南北朝时期，才有关于台风的细致记载。人们在惶恐之中，难以感知风来自何方，只能称之为"四方之风"。

沈怀远《南越志》：熙安间多飓风。飓者，其四方之风也，一曰惧风，言怖惧也。常以六七月兴。未至时，三日鸡犬为之不鸣。大者或至七日，小者一两日，外国以为黑风。

所以我们在传承二十四节气文化的过程中，还要进行增补，进而丰富它的内涵，包括沿海地区、高原地区、草原地区、荒漠地区的气候和物候。

在古人看来，夏至一阴生。所以大家最好"安身静体"，日子最好过得慢慢悠悠、懒懒洋洋、安安静静。虽然汉代开始夏至便被视为一个节日，俗称"做夏至"，但总体而言，夏至节过得很安静，以静求安。

夏无怒，秋莫愁，人们以平和的心态希望安然度过天气喧嚣的盛夏。

古代有一些互助式的消夏方式。比如民间的"结茶缘"，路边摆设茶壶茶杯为行人提供免费的茶水。这是一种淳朴的美俗。再比如，从前传说夏至这一天要吃百家饭才能安然度过夏天。

宋代《岁时杂记》："京辅旧俗，皆谓夏至日食百家饭则耐夏。"

　　大家"都这么说"，于是累积成为一种习俗，相当于无奈之中找偏方吧。但是百家饭很难，只能退而求其次，渐渐地演变为吃七家饭或者三家饭。通过这种众筹和共享，使得亲朋、邻里更加亲近和融洽，更像是共同应对盛夏的"命运共同体"。

　　进入盛夏时节，常常"东边日出西边雨"，而且像《诗经》描述的那样："其雨其雨，杲杲出日"，天气变化节奏之快，眼看着下雨，忽然太阳就出来了。于是古人用"分龙雨"来解释这种蹊跷的降水现象。

　　夏天，负责降雨的龙多了，令出多门，降雨的政策体现出很大的随意性。而雨水的分配，是既患寡，又患不均。所以古代的祈雨或者祈晴的各种仪式，大多发生在夏至时节。夏至时节的天气，使

人们心中设防，却常常防不胜防。

　　北宋末年，叶梦得《避暑录话》中，描述了盛夏降水的局地性：吴越之俗，以五月二十日为分龙日。据前此夏雨行雨之所及必广。……自分龙后，则有及有不及，若命而分之者也。故五六月之间，每雷起云簇，忽然而作，不过移时，谓之过云雨。虽二三里间亦不同。或浓云中见若尾坠地，蜿蜒屈伸者，亦止雨其一方，谓之龙挂，屋庐林木之间，时有震击。

　　古人将农历五月二十日（夏至日前后）开始的降雨，称为"分龙雨"，降水的空间尺度发生了变化，不再是普惠制，而是局地性。正如唐代元稹描述的那样："过雨频飞电，行云屡带虹。"此时的云和雨往往匆匆而过，但又很可能伴随着雷暴甚至龙卷等强对流天气。

夏至神 关海涛绘

夏至神

夏至神通常都是哪吒，
踩着风火轮，
手持传统吉祥图腾的宝葫芦和芭蕉叶
（有的夏至神手中没有芭蕉叶，
而是拿着两个宝葫芦）。

从前有个谜语，谜面是：眼看来到五月中，佳人买纸糊窗棂，丈夫服役三年整，一封书信半字空。说是打四味中药。谜底是：眼看来到五月中，半夏；佳人买纸糊窗棂，防风；丈夫服役三年整，当归；一封书信半字空，白芷（纸）。

夏至开始，夏天过了一半，进入盛夏季节，天气趋于炎热。规避酷暑的数伏，便是以夏至作为参照物，从夏至起的第三个庚日开始。雨热同季的季风气候，即雨水最多时段与天气最热时段高度叠合，阳光、雨露在这个时节都变得最慷慨，这是万物的狂欢季。盛夏时节开始进入"水"和"火"的巅峰时刻。

但民间绘制的夏至神，却聚焦于"火"。

夏至神，通常是左手摇着芭蕉扇，右手拿着火葫芦，脚踩风火轮的童子（哪吒的形象），象征着火热盛夏的来临。夏至神脚下的风火轮，是一种法器，足下生风，轮上起火。芭蕉叶，仿佛是天然的仪仗之扇。夏天，用它既可遮阳，也可避雨。葫芦多籽，所以常被视为子嗣昌盛的象征物。而且古代葫芦是盛药的容器，至今还有这样俗语："不知道他葫芦里卖的是什么药。"在古代，盛夏暑热，疾疫盛行，乃是"厉鬼行"所致。所以葫芦成为人们心目中辟邪驱鬼的法器。不过，有人笔下的夏至神，不是童子而是青年。他手拿一个喷火的葫芦，体现着夏至时节的阳刚气象。

宋 佚名 荷亭对弈图页（局部） 故宫博物院藏

蒸炊时节。

每年 7 月 7 日前后交节。

倏忽温风至，因循小暑来。

《说文解字》：暑近湿如蒸，热近燥如烘。

　　什么是暑？"暑，热如煮物也。"所谓暑，如同在热锅里被煮，相当于烹饪方式。

　　盛夏的炎热，可以分为两种经典的烹饪方式。难以忍受的痛苦和折磨，我们常用煎熬这个词来形容。但是煎和熬又有所不同。"近湿如蒸，近燥如烘"，一种像是蒸，一种像是烤。而这两种烹饪方式之间的差异，主要在于湿度的不同：湿度低的是烤，湿度高的是蒸。小暑时节是由烤到蒸，两种烹饪方式的交接时段。

　　农历六月称为焦月，《尔雅》："六月盛热，故曰焦。"农历六月也被称为溽月，《说文解字》："溽，湿暑也。"焦月的焦，体现的是干热暴晒；溽月的溽，体现的潮湿闷热。

　　韩愈说："如坐深甑遭蒸炊。"陆游说："坐觉蒸炊釜甑中。"他们不约而同地用蒸炊来形容高温高湿的天气。甑（zèng），是古代蒸饭的一种瓦器。人们如同被扣在暖气团的大笼屉里。

　　从气温的绝对值来说，当然是烤的温度更高。在中国，被称为"高温王"的新疆吐鲁番，便属于"烤"的典型。中国极端最高气温的纪录49.0℃，就是由吐鲁番在 2017 年 7 月 10 日小暑时节"烤"出来的。虽然烤和蒸这两种炎热都很难受，但烤完全是靠烈日的暴晒。而蒸，是温度和湿度的相互加持。即使气温未必有多高，人们的体感温度却已无法承受。

"君看百谷秋，亦自暑中结。田水沸如汤，背汗湿如泼。"农夫在田里耕耘，田里的水如同煮沸，背上的汗像是盆泼。人们惧怕热，但却不敢对炎热有怨言，反倒担心天气不热，作物不高兴。"人在屋里热得燥，稻在田里哈哈笑。"那还是让稻子高兴吧。秋天的硕果，都是因暑热而结实。"六月不热，五谷不结。"《汉书·五行志》："盛夏日长，暑以养物。"人们更在意万物之长养。

全国平均而言，小暑时节是整个夏天风最小的时段。往往是干热、暴晒、静风的状态，即使有风，也是热烘烘的风，热风如焚。《水浒传》里"烈日炎炎似火烧，野田禾稻半枯焦"之语，正是小暑天气的写照。

《礼记·月令》云："（季夏之月）温风始至。"这时的风是温风，这时的云是静云，用管子的话说，"蔼然若夏之静云"。所谓温风，除了热之外，朱熹的解读是"温厚之极"的风。季风气候背景下，在人们看来，春生夏长皆得益于风的温厚。所谓"始至"，不是初现，而是"峰值"。

宋代《六经天文编》："温厚之气始尽也，至极也。言温厚之气至季夏而始极也。"

元代《月令七十二候集解》："温热之风至此而极矣。"

小暑开始，上苍的温厚达到了极致。古人以"温厚之极"，概括了中国盛夏的气候禀赋。

小暑时节的气候关键词，是"一出一入"。出是出梅，入是入伏。小暑是南方雨季和北方雨季交接、轮替之际。

数伏的所谓伏，通常有两层含义：

伏的第一层含义是阴气藏伏。"阴气将起，迫于残阳而未得升，故为藏伏，因名伏日。"阴气潜伏并伺机反扑的日子，为伏日。所以，伏的主体不是人，而是阴气。

宋 佚名 出水芙蓉图页 故宫博物院藏

伏的第二层含义，是指人。"伏者，隐伏避盛暑也。"这并非伏日最初的本意，而是源于后来人们的领悟。隐伏避暑，这是"多么痛的领悟"！

小暑神 关海涛绘

扮成兵卒的鬼怪

小暑神，穿着明代的号衣，卒坎肩，
手持蒲扇或芭蕉扇。
但有的完全上身赤裸。
手持燃火的炭盆，炎热天气的意涵。

民间的小暑神，大体上有三个版本：

版本一：鬼怪。

古人认为暑热乃厉鬼所为，"厉鬼行，故昼日闭，不干他事"。小暑时节人们开始数伏的"伏"，体现在闭门静处。所以人们绘制的小暑神，多为鬼怪形象。

小暑之前的节气诸神，毕竟衣裳整齐。而小暑神赤裸着上身，光着脚，一手拿着扇子，一手举着火把（或火盆）。当然，有的鬼怪并不袒胸露背赤足，或许暗示：一、天气并未热到极处；二、即使天气再热，也要守持衣冠礼俗。

版本二：僧人。

有人将小暑神描绘为以护生的慈悲心"结夏安居"的一位僧人。使人感到，度夏也是一种修行。或许这也是提示人们如何消暑的一种示范性图释吧。

版本三：将军。

暑热盛行，疾疫多发。即使健康的人也往往"疰夏"，眠食不适，力倦神疲。或许一位甲胄在身的将军，可以成为人们安然度夏的守护神。

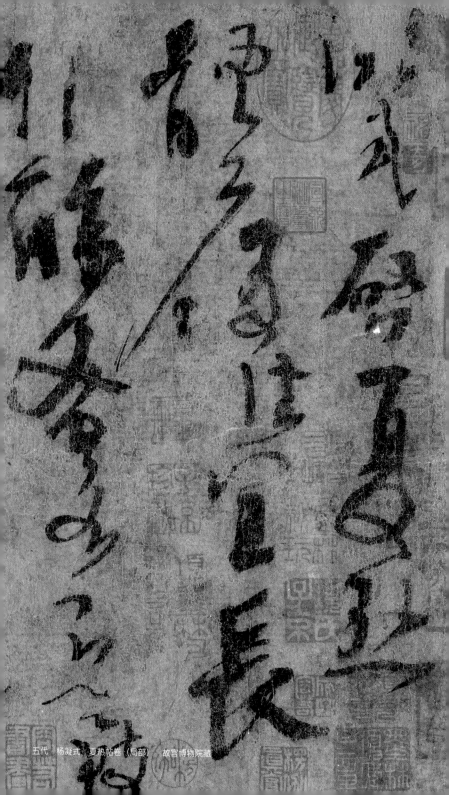

大暑

溽热鞕齪。

每年 7 月 23 日前后交节。

平分天四序，最苦是炎蒸。

《管子》：天地气壮，大暑至，万物荣华。

　　盛夏季节的热，有干热和湿热之分。如果我们仅仅对比气温，会发现小暑和大暑两个节气其实相差无几。那为什么一个叫做小暑，一个称为大暑呢？

　　差别就在于湿度。

　　古人所说的"土润溽（rù）暑"，《易纬通卦验》的解读是"暑且湿"，湿热。其实就是我们现在所说的高温高湿的桑拿天儿。谚语说"大暑到，树气冒"。溽暑，便是那种湿漉漉的闷热。湿气，好像是从地里、从树上冒出来的。

　　大暑，之所以能够被称为大暑，不仅在于气温，更在于湿气蒸腾的闷热，因此"大暑前后，衣衫湿透"。热，由干热的"烧炽"到湿热的"蒸郁"。换句话说，原来是火辣辣的干热，大暑时节变成了汗津津、黏腻腻的湿热。天气又湿又闷，感觉是脏气弥漫，所以这种湿热，也被称为"鞕齪热"（鞕齪 wò chuò，不干净）。

　　明郎瑛《七修类稿》：溽，湿也。土之气润，故蒸郁而为湿暑，俗称"鞕齪热"是也。

　　大暑时节，正是夏季的"土润溽暑"达到极致的时候，甚至"溽暑昼夜兴"。所以，"旱云飞火燎长空，白日浑如坐甑中"的说法显得过于片面。

　　大暑时节，白天热，晚上也热，是"夜热依然午热同"的暑热，

明　沈周　江亭避暑图扇面　故宫博物院藏

是暑热的最高境界。对于北京而言，1951—1980 年，最低气温超过
25℃所谓"热带夜"平均每年只有 1.4 天。而进入 21 世纪 10 年代，"热
带夜"已升至每年 11.4 天，仅大暑时节就有 5 天。不得不开空调睡
觉的闷热夜晚正在变为常态，难怪人们吐槽："我这条命，是空调
给的。"古人也曾吐槽："不到广寒冰雪窟，扇头能有几多风？"

　　大暑时节正值北方雨季，而副热带高气压掌控下的南方，特别
渴望雨水，正所谓"小暑雨如银，大暑雨如金"。但南方即使有降水，
"欲结暑宵雨，先闻江上雷"，虽然阵仗很大，却往往难消暑热，"时
暑日烈，其水之热如汤"。曾经有网友问：为什么气象台发布暴雨
预警，同时还发布高温预警？另一位网友答：可能下的是开水！

　　宋代诗人梅尧臣写道："大热曝万物，万物不可逃。燥者欲出火，
液者欲流膏。飞鸟厌其羽，走兽厌其毛。"盛夏时节，真是热得无

处逃避。柴能燃出火，汤能熬成膏。鸟都嫌弃自己的羽毛，兽也嫌弃自己的皮毛。在古人看来，"寒犹可御，而暑不可避"。

酷热如此，即使是大诗人李白，也曾在山林之中赤身裸体，一任清风消暑：

"懒摇白羽扇，裸袒青林中。脱巾挂石壁，露顶洒松风。"（李白《夏日山中》）

所以，大暑时节，还能够衣衫清新，服饰整洁，特别值得点赞！谚语说："伏天无君子。"伏天把人热得已经顾不得衣冠，顾不得那么多的风度和礼数了。真是："大暑龊龊热，伏天邋遢人。"当然，天气可以龊龊，但人最好不要邋遢，至少不要把天气当做邋遢的理由。

明　朱瞻基　武侯高卧图卷（局部）　故宫博物院藏

大暑神 关海涛绘

扮成兵卒的鬼怪

与小暑神的角色相似，但不同的是，
大暑神手擎大火熊熊的大炭盆，置于头顶。
似乎在提示人们暑时藏伏，
"故昼日闭"。

　　民间的大暑神，通常与小暑神是同一个鬼怪，是酷热的"鬼天气"的代言者。当然，手中的"道具"有所不同。小暑神手里举着的是小火把，而大暑神双手顶托着的是一个大火炉，象征天气热到极致。人们用这种形象的方式区分大暑小暑之热。大家笔下的大暑神，装束各有不同：有的是古代军士的装束，有的上身穿着肚兜儿，有的干脆上身赤裸。

　　还有的大暑神，是威风凛凛的两位武将，他们手中的法器，一个喷着火，一个洒着水。一位负责制造炎热，一位负责制造雨水。或许，既可以体现南方伏旱，北方雨季；也可以体现季风气候的雨热同季。

在人们看来，气温上升期的春夏如同来自上苍的恩德，气温下降期的秋冬如同来自上苍的刑罚。

所以古人说『德取象于春夏，刑取象于秋冬』。

四季更迭，人们『感冬索而春敷兮，嗟夏茂而秋落』。

但秋季，是『物皆成象』的丰稔之时。

人们面对萧瑟，虽然『悲哉秋之为气也』，

但也会有『是谓天地之义气，常以肃杀而为心』的理性见地。

《释名》曰：

秋者，緧（qiū）也。緧迫万物，使得时成也。

古人曾以『元亨利贞』四个字引申对应四季，代表天道的四种品德。

什么是『利』？

有人解读为：『利者，义之和也』。

有人解读为：『利者，万物之遂』。

因此，看似肃杀的秋三月，并非刑罚，而是上苍在精神和物质层面的双重施予。

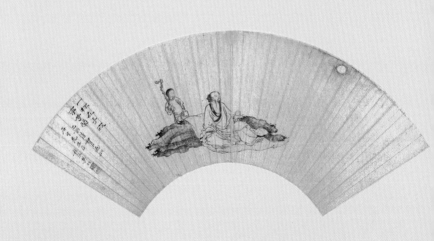

秋。秋为收成。秋之气和则色白而收藏。

立秋

凉风有信。

每年 8 月 8 日前后交节。

向风凉稍动，近日暑犹残。

清代《清嘉录》：自是（立秋）以后，或有时仍酷热不可耐者，谓之秋老虎。

　　2019 年立秋时节，陕西的一位农民在其微博中写道："知了叫得累了，瓜园的西瓜卸园了，甜瓜藤上留下的蛋儿也被孩童们摘去了，吃了一个夏天的桃子已慢慢退去。夏天越走越深，秋天伸出双手来交接，满山遍野的枣儿透出了黄色。核桃熟了，苹果有了味道，红薯蔓铺开了长，小动物们开始在玉米地边活动了……这是一年里最美丽的光阴。"

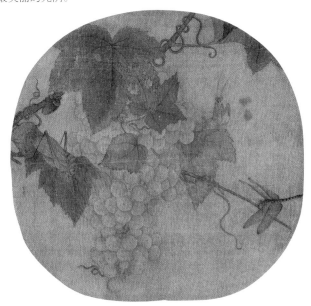

宋　佚名　葡萄草虫图　故宫博物院藏

宋　林椿　果熟来禽图页　故宫博物院藏

　　说起立秋，人们很自然地会想到"立秋贴秋膘"。从前是因为夏天的天气太热，夏天的农活儿太累，而且消夏的能力也有限，常常热得没有食欲，也没有睡意，所以日渐消瘦，没精神也没力气。一到立秋，得多一点油水，赶紧自我"补贴"。

　　立秋的众多食俗中，除了"贴秋膘"，除了食用生津润燥之物，还与防范痢疾、腹泻这些秋季常见病相关，这体现出人们的前瞻意识。人们也常用红纸写下"今日立秋，百病皆休"的字贴在墙上，希望这个秋天不是"多事之秋"。

在季节体系当中，春夏是气温的上升期，秋冬是气温的下降期。夏秋交替的标志是气温下降。而最直接的体感，是立秋凉风至。是风，为我们送来些许清凉、干爽的感觉。对于苦熬盛夏的人们来说，大家希望凉风至，而且希望凉风如期而至。所以内心默默地祈祷"凉风有信"，凉风一定要恪守信用，遵从气候规律，千万不要迟到。对于大多数地区而言，立秋凉风至，未必是指一俟立秋便疾风大作，转瞬清凉，成为熬暑之人的解救者。所谓凉风，只是西风的代称而已。

立秋，依然承袭着暑热的本色。虽然谓之"秋"，但立秋却是二十四节气中仅次于大暑、小暑的第三热节气。且不说南方"立秋处暑正当暑"，即使对于北京而言，立秋时节白天的气温其实与大暑相差无几（平均最高气温只相差 0.4℃）。

但立秋时节最突出的变化，是盛行风转为来自干燥内陆的西风，能让人隐约有了一点久违的干爽感觉，"暑向风前退，秋从雨后来"。对于苦夏已久的人们而言，似乎感受到了来自上苍的一份赦免之意。于是人们将凉风奉为立秋的图腾。立秋的气候标识是"凉风有信"，物候标识是"一叶知秋"。

立秋神　关海涛绘

操练军士的武将

立秋神通常是武将，
头戴元帅盔，一手执令旗，
一手持长枪（或春秋刀），
体现着古代秋令与兵戈相关。

立秋神

　　立秋神，或许也可以是立秋时辰，手持"秋令"，高奏"秋来"的太史官；也可以是头戴楸叶的少年郎。

　　什么是秋？《释名》："秋，就也，言万物就成也。"从春生夏长秋收冬藏的视角，古人以立春、立夏为"启"，体现的是上苍之慈；立秋、立冬为"闭"，体现的是上苍之严。但无论启闭，无论严慈，或许都是天地对于万物的悲悯。春天，护佑万物复苏；夏天，纵容万物成长；秋天，可以有获得感；冬天，可以有休养期。

　　按照《说文解字》，"秋"和"年"字，代表的都是禾谷之熟。从这个意义上说，秋，是集四季之大成者，也是年的代名词。人们祈盼"天赐常教大有秋"，有秋，也自然成为丰年的代名词。"五谷皆熟，为有年也"，有丰厚的秋成，年才成其为年。

清　翡翠盆染象牙谷穗盆景　故宫博物院藏

只不过，年，侧重的是谷物由荣而枯的一个周期律；秋，侧重的是谷物由华而实的一个截止点。就物候而言，秋天是收获的季节。就气温而言，秋天是酷暑之后的宜人季节。所以人们对于秋天，有着格外的偏爱。初秋时节迎秋，中秋时节赏秋，深秋时节辞秋。立秋之后，人们迎秋节、荐秋成、达秋气、做秋社。

南北朝时期《三礼义宗》："七月立秋，秋之言揫（音秋，聚也），缩之意。阴气出地，始杀万物，故以秋为节名。"

在古人看来，立秋时阴气结束"闭关修炼"的阶段，始有肃杀之气，一切政令也都要顺应时气之变。秋季是"用兵"的时节。按照古代的月令，立秋节气，天子到西郊迎秋之后，要赏赐"军帅武人"。然后"乃命将帅，选士厉兵"，秣马厉兵。所以，对于立秋神的角色感，

清　白玉嵌岁岁平安图如意　故宫博物院藏

人们似乎有着高度的默契。

民间绘制的立秋神，通常是一身戎装的军中教头，英气飒爽。他一手挥令旗，一手持大刀，有一种"沙场秋点兵"的意味。但也有的立秋神，是一位文官，首服为明代笼巾，一手抚带，一手做着剑指、托髯、端袖之类的戏剧化动作。

清　郎世宁款大臣戎装像轴　故宫博物院藏

宋 马远 踏歌图轴（局部）故宫博物院藏

新凉直万金。

每年 8 月 23 日前后交节。

离离暑云散，袅袅凉风起。

元代《月令七十二候集解》：处，止也，暑气至此而止矣。

什么是处暑？

元代《月令七十二候集解》：处，止也，暑气至此而止矣。

处是停止、隐退之意，暑热之气到此结束。有人借用入伏、出伏的说法，把处暑称作是出暑，即摆脱了暑气的困扰。陆游说："四时俱可喜，最好新秋时。"虽然春夏秋冬各有其美，但体感舒适度最高的，还是暑热消尽的新秋时节。

在我的印象中，白居易特别喜欢用"离离"这个词，繁多之貌。例如脍炙人口的"离离原上草，一岁一枯荣；野火烧不尽，春风吹又生"。例如他辞任苏州太守时写道："去年到郡时，麦穗黄离离；今年去郡日，稻花白霏霏。"他用"麦穗黄离离"和"稻花白霏霏"来形容麦子结穗时和稻子扬花时的情景。白居易也曾以"离离暑云散，袅袅凉风起"来描述夏秋转换时的云和风。云变得亲民了，风变得宜人了，新秋的天气使人心生欢喜。

在古人看来，寒是冷的极致，暑是热的极致。所以处暑节气不是说天气不热了，而是一年之中最热的天气终于结束了。处暑这个节气的名字，也足以说明其实人们从来就没把立秋真正当做是秋，而是当做暑。对于苦熬盛夏的人们来说，立秋只是名字给人了一种精神寄托。而处暑才是送来久违凉爽的节气，所以处暑的人缘儿特别好。"处暑无三日，新凉直万金。"

处暑时节，北方的雨季结束了，暑季也结束了，天气变得干爽了。所以在北方，处暑节气如果称作"秋爽"节气，或许更为贴切。

清代《帝京岁时纪胜》中记载了一则轶事：京师小儿懒于嗜学，严寒则歇冬，盛暑则歇夏，故学堂于立秋日大书"秋爽来学"。说的是京城里很多孩子懒得读书，冬天歇冬，夏天歇夏。天冷、天热都是不读书的理由。所以到了立秋，学堂就会贴出四个大字，"秋爽来学"。天气清爽了，赶紧来学习吧。

而现在，处暑时节正是秋季开学，"秋爽来学"之时。处暑神，或许可以是一位"秋爽来学"的少年；然后白露神，是一位手持书卷的师者。

在北方，一立秋便有了肃凉之气，"立了秋，扇子丢；处了暑，被子捂"。

在江南，从立秋"六九五十四，乘凉入佛寺"，到处暑"七九六十三，夜眠寻被单"。昼热未减，但夜凉已生。在烈日之下，南方地区是"处暑天还暑，仍有秋老虎"。

所谓秋老虎，一般是指立秋之后的炎热天气，但也有人认为是出伏之后的炎热天气。总之要么是立秋时节，要么是处暑时节肆虐的炎热。这个时候，秋老虎，还没有变成纸老虎。

《庄子》："夫春气发而百草生，正得秋而万宝成。夫春与秋岂无得而然哉？天道已行矣。"春气勃发时，百草生；秋气收敛时，万宝成。一个负责生，一个负责成。天道如此。

《文子》："因春而生，因秋而杀，所生不德，所杀不怨，则几于道矣。"上苍让万物在春天萌生，在秋天终结。这一切既不是出乎恩德，也不是源于怨恨，一切都是自然法则。

《管子》："春风鼓，百草敷蔚，吾不知其茂；秋霜降，百草零落，吾不知其枯。枯茂非四时之悲欣，荣辱非吾心之忧喜。"百草的繁

清　青玉衔谷穗立鸭　故宫博物院藏

盛与凋零，并不是四季的悲伤与欢欣。别人给予我的荣辱，也不是我内心的忧愁与喜悦。

可见，在春秋战国时期，人们便已清晰地认识到，万物之枯荣，春天的蓬勃与秋天的肃杀，都只是时令使然。所以我们不必夸赞，无须幽怨，也不需要把春天视为上苍的恩宠，把秋天视为上苍的刑罚。无须因为处暑"天地始肃"而戚戚然。

在二十四节气物语中，有两项与主要粮食作物相关。一个是小满三候的麦秋至，一个是处暑三候的禾乃登。一个代表夏收，一个代表秋收。"禾乃登"，当然泛指谷物开始成熟。但这个时候并不是所有的作物都成熟了。"禾乃登"又特指稷的成熟，"稷为五谷之长，首熟此时"。什么是稷，一直有不同的解读。有人认为是粟，即小米。也有人认为是高粱，还有人认为是不黏的黍米。所以禾乃登，是指作为二十四节气创立时期最主要粮食作物的稷，在处暑时节成熟了，主粮收获进入了倒计时，所以"处暑立年景"。

处暑神 关海涛绘

暴躁的武将

处暑神手持芭蕉扇，
背后是火状的光冕。
处暑神的神情，
体现着暴躁的性情，
或许是对秋老虎天气的一种写意方式。

民间的处暑神，大体上有两个版本：

版本一：手执芭蕉扇（也有的是手持刀、剑或者双锤）的将军，头顶着太阳的光冕，如同火神。他往往是京剧的扮相，展现着京剧中"横竖锤"或者"抱刀式"的威武神态，仿佛正在出征或者即将出手。同样是将军，但容颜和身姿，立秋神是赵云那样的将军，而处暑神是张飞那样的将军。

版本二：面目凶暴的虬髯大汉，有的甚至敞怀、赤脚，形似鬼怪。我们搜集的民间绘制的处暑神，约70%的样例是军中将领，30%是乡间大汉。但他们有一个共同点，就是都显现着暴躁的火气。或许如此设定处暑神形象，其背后的气候逻辑是：一、时序虽然入秋，但余热未消，秋燥盛行。有时热若盛夏，暑气的回光返照。二、在南方沿海地区，正值秋台盛行的时段。此时的热浪和风雨，都体现着处暑天气性情之暴躁。

白露洼蒙
蒲秋烟暝
碧湖芳情
空谁氏媸首
賦印頂倒

元 钱选 秋江待渡图卷（局部）故宫博物院藏

白露

玉露生凉。

每年 9 月 8 日前后交节。

湖上西风急暮蝉，夜来清露湿红莲。

三国时期曹植《秋思赋》：云高气静兮露凝衣。

白露，是一个表征水汽状态的节气。仲秋白露生，它体现了大气对水汽"包容能力"的下降。

但在古人眼中，露水似乎不是普通的水，所以冠之以甘露、仙露之类不同凡俗的称谓。

或许，白露神可以是手托承露盘的一位美丽女子。

为什么会出现露水？要从露点说起。

露点（Dew point），是指在固定气压下，空气之中的气态水达到饱和而凝结成液态水所需要降到的温度。通常温度越高，空气对水汽的容纳能力越强。当温度降低的时候，空气就容纳不下那么多的水汽了，就饱和了。那么多余的水汽怎么办呢？就只好"变态"了，由气态变为液态。达到露点之后，凝结的水飘浮在空中，就成了雾；附着在物体的表面，就成了露。于是，它们凝结成晶莹如泪的露珠，也使人们产生了"秋色为白"的意象。而当露点低于 0℃时，称为"霜点"，就开始结霜了。对于黑龙江、内蒙古等一些高纬度地区而言，"白露点秋霜"或"白露前三后四有秋霜"。白露节气，似乎已是白霜节气。

白露时节，昼夜温差加大了。"大抵早温、昼热、晚凉、夜寒，一日而四时之气备。"一日之内，如同四季轮替。"着衣秋主热，脱衣秋主凉"，感觉穿对衣服好难！

　　《黄帝内经》有云:"寒风晓暮,蒸热相薄,草木凝烟,湿化不流,则白露阴布以成秋令。"在古人看来,露凝而白,是阴气渐重使然。

　　白露时节,早晚秋凉,白天夏热,这正是"秋令"的特征。北方陆续进入初秋。南方还是夏天,但高温几乎销声匿迹了。"过了白露节,两头凉,中间热",人们将其称为"㞢㞢天"。尽管还是夏天,但毕竟早晚凉快了,没那么煎熬了。粗略而言,白露时节是:南方依旧夏,北方渐次秋。南方金风去暑,炎威渐退;北方玉露生凉,已及新秋。

元 赵孟頫 秋郊饮马图卷 故宫博物院藏

虽然朝露很美，但是过于短暂，只是秋日清晨的一个小小的插曲。所以才有"譬如朝露，去日苦多"的感叹。

玉露生凉时节，气温低了，降水少了，天气开始变得清凉、干燥。所以此时的养生，往往围绕着两句话：一句是"白露不露，长衣长裤"，白露开始就不能短打扮了。一句是"白露补露"，白露开始多吃点水果，多喝点汤啊粥啊羹啊之类的润燥之物，使我们继续保持水润状态。

白露神　关海涛绘

江湖侠客般的武生

白露神

白露神，
多为身穿京剧戏服的俊俏武生。
武生身背双剑，
凉意已起，
寒气即将出鞘的意蕴。

我们收集的民间绘制的白露神，约 85% 的样例是武生，15% 是孩童。

武生版本：一位身着戏服的英俊武生，飘逸的江湖侠客。身背双剑，武侠小说中"仗剑走天涯"的意象。也有人将白露神绘为背剑的儒生，或许是想以其对应白露温和的气候。

武生的首服非常多样，有的是戴着林冲盔。黑色，盔顶立插红缨，向后下方倒垂，形似倒缨盔。有的是硬罗帽或者武生巾，甚至驸马套。显然，白露神这些款式的首服，创意来自京剧戏服。

孩童版本：孩童（也被称为"白露童子"）身披彩带，衣袂飘然，手里舞着剑。"露凝而白，气始寒也"，白露起进入气候意义上的秋季。这两个版本中的共同点，就是作为"道具"的剑。似乎以剑，体现着秋风剑气，萧瑟、肃杀之形意。

明 佚名 秋景货郎图轴（局部） 故宫博物院藏

平分秋色。

每年 9 月 23 日前后交节。

秋气堪悲未必然，轻寒正是可人天。

《说文解字》：龙，春分而登天，秋分而潜渊。

秋分时节，天气给人的感觉，两个字：爽、朗。

爽，天气清爽了；朗，天空明朗了。于是，秋毫可以明察，秋水能够望穿。

但各地的温凉更迭大不相同。秋分时节，北方已不是新凉，而是轻寒。而塞北秋分时已见初霜，"秋分前后有风霜"，所以"秋分送霜，催衣添装"。古人认为，秋分是一个分界。秋分之前暑有余热，所以秋燥还是温燥；秋分之后寒意渐浓，所以秋燥已是凉燥。因此过了秋分，需要多吃清新、温润之物。

古人笔下"世事短如春梦，人情薄如秋云"的秋云，似乎给人一种惨淡、冷漠的感觉。但秋云的淡薄、高远，似乎更像是一种境界，人们借以明志，借以抒怀。云由浓到淡，由厚到薄，草木由密到疏，由绿到黄。天与地，都在做着减法，都开始变得简约和轻灵。

俗话说："二八月看巧云。"

夏季，要么是"自我拔高"的积雨云，黑云翻墨、惊雷震天、白雨跳珠。要么是铺陈于天幕的层云或者层积云，几乎整个天空都"未予显示"，雨也下得拖泥带水。大家避之不及，怎会有看云的心情呢？！

到了秋季，降水减少，气压梯度加大，大气的通透性和洁净度提高，流动性增强。总云量减少，其中高云比例提高，由厚重变为

明人画秋鸿图谱册　故宫博物院藏

轻灵。这个时候的云，是高天上流云。<u>丝丝缕缕</u>，团团朵朵，撩人而不扰人。这个时候的云似乎才更有资格叫做"云彩"。

秋分时节，是"秋风起兮白云飞，草木黄落兮雁南归"。鸿雁农历二月北上，八月南下。所以"二八月看巧云"，看的是流云飞鸿的时令之美。

秋分"水始涸"，"潦水尽而寒潭清"，夏雨遗存的积水逐渐干涸，浅塘显露着曾经的水痕。一年之中的水体变化，显然与降水强度相关。

春季降水陡增，所以春水生，诗词吟咏春江水满，人们唱着"山歌好比春江水"。

秋季降水锐减，所以秋水净，诗词吟咏秋江水清，人们唱着"心与秋江一样清"。

唐代司空图在《二十四诗品》中有这样的词句："流水今日，明月前身。"流水为何如此清澈，因为皎洁的明月是我的前身。

但实际上，在降水量大的春夏，流水往往是浑浊的，只有在雨水不再喧嚣、径流不再湍急的秋季，才有可能呈现"流水今日，明月前身"的意境。

秋气之美，常在于水之静美。

清　费以耕、张熊　梅月嫦娥图扇　故宫博物院藏

秋分神　关海涛绘

秋分神

温婉的仕女

秋分神手持书卷或者拂尘，
也有的持团扇，
襟无纤尘、心有书香的意象。
人们往往将这位仕女绘为月宫中的嫦娥。

民间绘制的秋分神，大体上有两个版本：

版本一：秋分神是一位持戟的军士，手持利斧，金刚怒目，代表古时的秋猎开始了。

直到清代，木兰围场的"哨鹿"，"率以秋分前后为候"。当然，在人们心目中，秋分神也是丰硕秋实的守护神。

版本二：秋分神是手持拂尘与书卷或团扇的一位仕女，但也有的秋分神并无持物，只是端袖沉思。仕女版本的秋分神，人们往往将其绘为神话中的仙女嫦娥。这与秋分与中秋日期相近有关。

自古以来的祭月、拜月和赏月，体现着人们对于星辰的崇拜。被古人视为"寒暑平"的春分和秋分，节气神都是纤云弄巧般的仕女，最宜人时令的代言者。不过，就气温而言，春分和秋分并非"寒暑平"，而是春分近寒，秋分近暑。

民间秋分神一武一文的角色差异，或许也体现了人们在仲秋时节感触的差异。此时，秋高气爽之时，有人赏秋，有人伤秋；人们既有秋兴，也有秋愁。

宋　朱绍宗　菊丛飞蝶图页（局部）　故宫博物院藏

风清露肃。

每年 10 月 8 日前后交节。

不知满径秋多少，凉露西风淡泊花。

南北朝时期《三礼义宗》：九月之时，
露气转寒，故谓之寒露节。

寒露

谚语说："大雁不过九月九，小燕不过三月三。"是说大雁最迟（农历）九月九，从它们的度夏地，该来的都来了；小燕最迟（农历）三月三，从它们的越冬地，该来的都来了。

白露物候是"鸿雁来"，寒露物候是"鸿雁来宾"。白露时看到第一批鸿雁南飞，寒露时目送最后一批鸿雁南飞。

苏轼写道："露寒烟冷兼葭老，天外征鸿寥唳。"露水变冷了，烟气变凉了，芦苇也不开花了。天边的鸿雁，声音凄清而高远。鸿雁只是匆匆过客，过了寒露便了无踪影，人们锦书遥寄的心愿再也难以通过鸿雁传情的方式实现了。而在鸿雁渐远的同时，是蝉噤荷残的景象。鸣蝉沉默了，荷叶凋零了。成语"噤若寒蝉"，描述的便是深秋时节肃杀气氛下的集体沉默。

深秋，因为渐渐萧疏残败的景物，人们称之为老秋、穷秋，"穷秋九月衰"，似乎时光正在走向衰老。

"寒露霜降水退沙，鱼落深潭客归家"，从秋分物候的"水始涸"，到立冬物候的"水始冰"，由密到疏，由繁到简，由动到静。有人怀念曾经的繁盛，但也有人更享受深秋的这一份清净自在。

深秋时节，"袅袅凉风动，凄凄寒露零"。寒露节气，如果晴天，标志性的景色是"碧云天，黄叶地"。如果有风，"云悠而风厉"。如果有雨，是"寒露洗清秋"。

秋 159

清　禹之鼎　王原祁艺菊图卷（局部）　故宫博物院藏

　　没有浓抹之美艳，却有淡妆之清雅。寒露，是秋天中的秋天。虽然秋已渐老，但却是彩色的秋。"虽惭老圃秋容淡，且看黄花晚节香。"

　　唐代杨炯为菊花代言："秋星下照，金气上腾。风萧萧兮瑟瑟，霜刺刺兮棱棱。当此时也，弱其志，强其骨，独岁寒而晚登。"

　　"秋霜造就菊城花，不尽风流写晚霞"，欲霜或初霜的深秋时节，寒露三候菊有黄华，菊花作为秋之尾花展示着它凌霜傲寒的性情。

　　"秋满篱根始见花，却从冷淡遇繁华"，这是冷淡时节的繁华。

　　深秋清冽，人们开始闭户添衣。比较简洁的劝"穿"谚语，一个是：吃了寒露饭，不见单衣汉。一个是：吃了重阳糕，单衫打成包。因为寒露和重阳日期比较接近，所以人们往往将其作为添衣的时间基准。白露节气就不能再穿短衣短裤了，寒露节气就不能再穿单衣单裤了。

　　由莹莹白露，到凄凄寒露，是天气由凉到冷的物化标识。

寒露神　关海涛绘

身着袍褂的"青衣"

天气由凉到冷的过程中，
寒露神似乎是着装的示范者。
但也有的寒露神，是拔剑出鞘的武生。
由白露时的背剑到寒露时的亮剑，
诠释着深秋时节的寒气乍现。

民间绘制的寒露神，大体上有两个版本，扮相都具有戏剧感：

版本一：扬眉亮剑的一位"武生"。

他以长剑寒锋，提示着人们，这是第一个以"寒"字冠名的节气。刀剑之寒光，凸显寒露乃肃寒之气的"亮剑"之时。他或者持刀，做着抱刀式、出刀式、举刀式之类的武打动作。在早期的版本中，寒露神多为女将。头上戴着京剧中的七星额子，飒爽如挂帅的穆桂英。

版本二：身着披风或者薄袍褂的一位"青衣"。

她的装束，便是图示版的穿衣指数。将寒时节，或许她就是生活中催促添衣的贤妻良母。有一句很流行的网语：世界上有两种冷，一种是你觉得冷，一种是你妈觉得冷。"你妈觉得你冷"，便是守护神般的体贴与疼惜。

明 蓝瑛 白云红树图轴（局部） 故宫博物院藏

金气未央。

每年 10 月 23 日前后交节。

秋分萧瑟天气凉，草木摇落露为霜。

霜降

汉代《春秋感精符》：霜，杀伐之表，季秋霜始降。

汉代《易纬通卦验》中，寒露的标识是"霜小下"，而霜降的标识是"霜大下"。

寒露是介于露和霜之间的节气，不是没有霜，只不过结霜现象比较偶然或者轻微而已。

而霜降，是节气起源地区开始结霜的气候平均时间。

"蒹葭苍苍，白露为霜。"到了 0℃，空气中多余的水汽就变成了霜花或者冰针。早晨起来，一眼望去，白花花的一片。深秋时节，老天爷给我们点颜色看看。

所谓霜，是空气当中的水汽饱和之后，在低温状态下，直接凝华成白色的冰晶。深秋时节，什么天气背景下容易出霜呢？

《齐民要术》这样说："天雨新晴，北风寒彻，是夜必霜。"《水经注》中写道："每晴初霜旦，林寒涧肃。"霜也被刻画得这般唯美。

东汉王充《论衡》曰："云雾，雨之征也，夏则为露，冬则为霜，温则为雨，寒则为雪，雨露冻凝者，皆由地发，非从天降。"

既然无论是露还是霜，"皆由地发，非从天降"，在学者看来，似乎"霜生"比"霜降"更严谨。所以霜降不必刻意译为 Descent of Frost，译为 First Frost 反而更贴切。

霜降，是指霜的降临。只是一种描述方式，不是指寒霜由天而降，未必是古人认知上的局限。"月落乌啼霜满天"，如果严谨地推敲，

秋 165

明　赵左　秋山红树图轴　故宫博物院藏

霜是附着在物体表面所形成的水汽凝华，不可能漫天飞舞。月落乌啼时怎么会霜满天呢？

诗人的表达逻辑与学者的推理逻辑不同，或许在诗人眼中，霜是寒冷的化身，所谓"月落乌啼霜满天"，只是想描述寒意满天的意境而已。

李煜《长相思·一重山》写道："一重山，两重山，山远天高烟水寒，相思枫叶丹。菊花开，菊花残，塞雁高飞人未还，一帘风月闲。"吹过窗帘的风，透过窗帘的月。窗帘，这是一个女子感触外部世界的唯一方式。对于她而言，风月，便是一帘风月。枫叶红了，似乎并不是因为欲霜之时叶青素的变化，而是想念，把枫叶都想红了。

露和霜的差异，一目了然。一个是液态的露，一个是固态的霜。《楚辞》有云："秋既先戒以白露兮，冬又申之以严霜。"在宋玉看来，露是告知秋的来临，霜是预兆冬的来临。古人认为："气肃而霜降，阴始凝也。"白霜是由阴气凝结而成。虽然由白露到白霜，只一字之差，也只是水的相态不同，但在古人眼里，意义迥异。

《礼记》有云："夫阴气胜则凝为霜雪，阳气胜则散为雨露。"如果阳气占上风，水汽就会化为雨露；如果阴气占了上风，水汽就会凝为霜雪。"霜以杀木，露以润草"，古人觉得，露是润泽，是赐予；而霜却是杀伐。

我们以凌霜傲雪形容性情的坚韧，以饱经风霜形容岁月的磨砺。"严霜烈日皆经过，次第春风到草庐。"但按照农民们的经验，霜要按时来，早了也不行，晚了也不好：

如果早了，谚语说"未霜见霜，粜米人像霸王"。没到霜降就下霜了，今年粮食减产，于是卖米的人像霸王一样，你得看他的脸色。

如果晚了，谚语说"冬至无霜，碓杵无糠"。如果冬至的时候都不下霜，说明气候异常，来年的作物可能歉收。

如果正好霜降的时候下霜呢？谚语说"霜降见霜，米烂陈仓"。粮仓里的米可能多到烂掉。只要契合气候常态，寒霜也是丰稔之兆，无须将其妖魔化。

《汉书》曰："天，使阳出，布施于上，而主岁功。使阴入伏于下，而时出佐阳。阳不得阴之助，亦不能独成岁。终阳以成岁为名，此天意也。"虽然万物乃阳气所生，阴气所杀，但阳气的生养万物之功也离不开阴气"佐阳成岁"的助力。

霜降神 关海涛绘

挥舞双刀的武将

霜降神一身戎装，
横眉怒目，
手持物大多为双刀（有的手持单刀），
凸显着令万物止息的肃寒之气。

秋天，也酷似一个人与其盛年的作别，在时光的不远处，便是"以风鸣冬"的苍凉节气。它最后的美，是点染着霜花的凄美。

民间绘制的霜降神，通常是一位须髯张扬、挥舞双刀的将军（少数为兵卒）。秋之将尽，寒气肃凛。他一身厉饰，一脸厉色。

朔风渐起，严霜既降，风刀霜剑严相逼。风如刀，霜如剑，深秋的风和霜都被描述成锋利的冷兵器。阴气杀地时节，乡野之中，"寒露百花凋，霜降百草枯"；田亩之内，"寒露无青稻，霜降一齐倒"，是"斩立决"，是"一律格杀勿论"的感觉。在古代，由降霜到结冰的秋冬交替之际，是举兵之时，理刑之时；也是操刀执斧的割伐之时，执弓挟矢的行猎之时。霜降神，体现着肃杀之形意。

《释名》：
冬日上天，其气上腾，与地绝也。

冬，是万物终成的季节。
于是，如《诗经》所言：「我有旨蓄，亦以御冬。」

《齐民要术》：
（自孟冬开始）天地不通，闭塞而成冬。劳农以休息之。
「天地不能常侈常费，而况于人乎」，人与天地同禀一气，
或许，都需要张弛、生息、收放的轮替。

《管子》：
冬既闭藏，百事尽止，往事毕登，来事未起。
方冬无事，慎观终始，审察事理。

冬季，是寒冷的季节，在人们看来，「冬者，天之威也」。
过冬，如同一场漫长的修行。
但人们却能够在这看似无为的时间里，
在「往事毕登，来事未起」之时，会有更多的醒觉和顿悟。

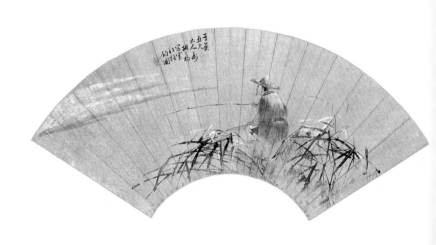

冬。冬为安宁。冬之气和则黑而清英。

南宋　佚名　霜柯竹涧图页（局部）　故宫博物院藏

以风鸣冬。

每年 11 月 7 日前后交节。

门尽冷霜能醒骨，窗临残照好读书。

汉代《月令章句》：冬，终也，万物于是终也。

　　降霜结冰之后，便是人们"冬腊风腌"的时间。

　　夏秋收获的很多食材，就这样晾着、酿着、腌着、酱着，打造出当令新鲜之外的另一番味道，成为美食的续集，体现着时间运化的智慧。即使现在，四季都可以吃到新鲜的蔬菜和肉食，但人们还是经常会偏爱那些酱过的、腌过的、糟过的、熏过的味道，偏爱那些被时间炮制的、发酵的食物。而酒，更是因时间而醇厚的岁月佳酿。春耕夏耘，如何顺天时、借地利，体现着人们的智慧，以获取物产。而获得物产之后，如何打磨和酿制，或许体现着人们更高的智慧。

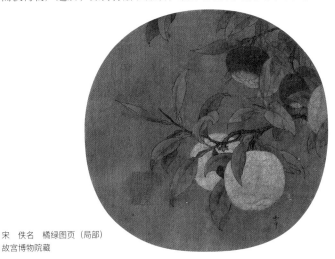

宋　佚名　橘绿图页（局部）
故宫博物院藏

冬季的表象是冷峻而寡淡，但本质却是平和与安宁。仿佛上苍赐予我们这样一个季节，就是希望我们能够有一段看似"无为"的时间守持宁静，清修心体。苦寒的岁月，过冬似乎是一场修行。它特别能够检验人们身心宁静的能力。或许也是造就思想和思想家的季节。"门尽冷霜能醒骨，窗临残照好读书。"修行的境界，便是"意叶心香"，便是不必借助吐艳的花、滴翠的叶、溢香的果，无须物化的美。我们常说良辰美景，而修行便是能把看似不是美景的日子，过成良辰。

冬天，大地卸去了盛装，以素颜示人，让人们体验着繁华褪尽的安静与简约。与长冬无夏、长夏无冬或者四季如春的气候相比，暑往寒来的全版本四季循环模式，使我们对于岁月沧桑有了更深刻的感触。

《潜虚》：日息于夜，月息于晦，鸟兽息于蛰，草木息于根。为此者，谁曰天地？天地犹有所息，而况于人乎？

万物的生长有播放键，有快进键，也需要有一个暂停键。冬天虽然寒冷，但让万物有一个蛰伏、止息的时间不好吗？人们也可以趁着这个时间从容地内敛、蓄势、养生，让机体和心神都顺应着时令的节律。感谢寒与暑收放自如的四季，感谢秋收之后上苍给予我们一个"带薪休假"的时间。

在古人建立的四季等长的季节体系中，立春比立冬还冷，立秋比立夏还热。所以感觉，立春时，春未至；立秋时，夏未了。只有立冬时，真的有了冬意。

对于二十四节气起源地区而言，以现代科学的标准，确实是立冬时节入冬。虽然古人并没有量化的气温标准，但以水始冰、地始冻作为冬季来临的标识，是比现代"日平均气温稳定低于10℃"更好的平民标准，因为它特别直观。"霜降见霜花儿，立冬见冰碴儿，

南宋　佚名　乌桕文禽图页　故宫博物院藏

小雪见雪花儿。"

　　当然，在南方，立冬之后，往往还有一段如同阳春的和暖天气。初春时，人们不喜欢乍暖还寒的反复，但却喜欢初冬时乍寒还暖的反复。这便是暖气团与人们最后的作别："十月小阳春。"

立冬神　关海涛绘

侧身作揖的书生

立冬神脊背微驼，
端袖、侧身，近乎背对，
似乎对什么不忍直视。
这样的身姿体态，
是节气神中所仅有的。

民间的立冬神，大体上有两个版本：

版本一：拱手的文官。在人们所做的角色设定中，作为立冬神的文官，要依循古代的月令，敬奉天，体恤人。仰面祈祷，俯身慰劳。在初寒时节，使人们感受到温暖。

在古代，孟冬"天子始裘"，是一种衣着上的示范。立冬神的衣裳，也算是图示型的温馨提示吧。

版本二：侧身的书生或文官。在二十四节气神中，这是唯一以侧面示人的形象。

或许，对于万物萧肃的情景，心怀悲悯的书生，完全不忍直视。

一袭冬装裹身的书生。使人们感到，在严寒面前，我们都太文弱了！

立冬神，令我想到《西厢记》长亭送别时的张生。

《西厢记》中这样写道：今日送张生上朝取应，早是离人伤感，况值那暮秋天气，好烦恼人也呵！悲欢聚散一杯酒，南北东西万里程。碧云天，黄花地，西风紧，北雁南飞。晓来谁染霜林醉？总是离人泪。

立冬节气，仿佛是人们与温暖依依不舍的作别。

北宋　王诜　渔村小雪图卷（局部）　故宫博物院藏

气寒将雪。

每年 11 月 22 日前后交节。

连朝浓雾如铺絮，已识严冬酿雪心。

《荀子》：天不为人之恶寒也辍冬。

古人为小雪节气设定了两项很抽象的"物语"："天腾地降""闭塞成冬"。"天腾地降"，是指"天气上升、地气下降"。《释名》曰："冬曰上天，其气上腾，与地绝也。"冬季是天气上腾，与地相绝。在古人的观念当中，天地之间有两组"气"，一组是天气和地气；另一组是阳气和阴气。一年当中的晴雨寒暑，是由阳气和阴气之间的此消彼长，是由天气和地气之间的亲近或者疏远所造成的。

《范子计然》："天之气下（降），地之气上升，阴阳交通，万物成矣。"

《荀子·礼论》："天地合而万物生，阴阳接而变化起。"

这是诠释天气与地气、阴气与阳气互动关系的一段话。天与地能否相合，阴与阳能否相接，是靠"气"来实现的。按照《吕氏春秋》的说法：

立冬和小雪所代表的孟冬，是"地气下降，天气上升；天地不通，闭而成冬"。

立春和雨水所代表的孟春，是"天气下降，地气上升，天地和同，草木繁动"。

小雪时节，从天上来的天之气向上升，从地下来的地之气向下降。这相当于它们之间渐行渐远，完全中断了"业务往来"，处于"冷战"状态。而此时的阳气和阴气呢？

汉代《孝经纬》："天地积阴，温则为雨，寒则为雪。时言小者，寒未深而雪未大也。"阴气积聚，阳气潜藏，于是开始下雪。只是因为还不够冷，所以雪还不够大。

"闭塞成冬"，是指阳气藏在地下闭关，阴气浮在地上游荡，它们毫无交集。立冬时是水始冰、地始冻，是刚刚开始冻。随后的关键词是：封。小雪封地，大雪封河。小雪封田，大雪封船。大地完全处于封冻状态，于是"闭塞成冬"。

元代吴澄《月令七十二候集解》："雨为寒气所薄，故凝雨为雪，小者意为其未盛之辞。"

明代王象晋《群芳谱》："小雪气寒而将雪矣，地寒未甚而雪未大也。"

为什么叫做小雪？因为雪下的不够大。但是，按照气候平均值，对比小雪和大雪时节，却会发现，小雪时节的降水量其实比大雪时节更大！那为什么反倒叫小雪呢？或许原因有三：

原因一，小雪时节下的未必都是雪。《诗经》有云："相彼雨雪，先集为霰。"往往刚开始下的是霰。南北朝谢惠连《雪赋》："岁将暮，时既昏。寒风积，愁云繁……微霰零，密雪下。"风越来越凛冽而凶猛，云越来越低沉而浓重，先下的是零星的霰，后下的是密集的雪。

这时的降水，不光有霰，还有雨、有雪、有雨夹雪，雨雪交替或雨雪混杂。而大雪时节的降水，几乎是纯雪。而且湿雪少了，干雪多了，适合堆雪人儿、打雪仗的雪。人缘儿好，印象分儿高。

原因二，小雪时节下的，即使是雪，也往往随下随化或者昼融夜冻。即使降水量不算小，可是在地面上，几乎留不下什么"证据"。而到了大雪时节，下了雪，能够形成积雪，有雪摆在"桌面上"。有时纷纷扬扬一场雪，下完了就安安稳稳地"坐住了"，甚至"坐"一冬，叫做"坐冬雪"。

原因三，是大雪时节雪下的更勤，次数更多。因此，以印象分、积雪量、降雪频次，两者高下立判。

　　11 月，几乎是没有节日的月份，但如果初雪降临，便好似临时增设的一个节日。一场雪，就能唤醒人们对于这个世界全部的好感。

　　对于二十四节气起源地区而言，小雪节气正是初雪时节。例如西安—郑州—济南的黄河流域一线，甚至包括北京、天津、太原、石家庄在内的华北地区，都是在小雪时节迎来气候平均意义上的第一场降雪。而在长江中下游地区，第一场雪是要到大雪时节才会陆续降临。

宋　佚名　京畿瑞雪图纨扇　故宫博物院藏

小雪神　关海涛绘

手持招雪旗的兵卒

小雪神虽有鬼怪、兵卒、武将三种版本，
但都是传令者的角色。
他手持招雪旗，
或者手持枪（或戟），
上面挂着招雪旗。

　　民间绘制的小雪神，几乎只有一个主题：招雪。这既是对气候规律的写照，也是对民众心愿的刻画。但"招雪者"的角色，大体上可分为鬼怪、兵卒、武将三类。

　　小雪神，通常是一位身穿冬装的传令兵。他面目肃然，手持红缨长矛，长矛上挂着一面招雪旗。希望军令如山，应时酿雪。（有的招雪旗上写着"雪"字，而有些写的是"小雪"。）

　　当然，由鬼怪担任"招雪者"，或许是因为人们认为小雪节气是"天地积阴"之时。而由武将担任"招雪者"，或许是因为人们认为降雪是初冬之要务，应由将军亲自督办。

清 华嵒 寒驼残雪图轴（局部） 故宫博物院藏

時雪转甚。

每年 12 月 7 日前后交节。

江山不夜月千里，天地无私玉万家。

汉代《论衡》：冬日天寒，则雨凝为雪。

大

雪

在古代，寒冷几乎是人们的终极恐惧。

"寒"字所描绘的情景，便是一个屋子里，一个人弓着身子，躺在柴草之上，门口儿的水已经冻成了冰。

而关于衣着，一个夸张的说法，是"夏则编草为裳，冬则披发自覆"。夏天是穿着用草编织成的衣服，冬天则是用长长的头发盖住自己的身体。御寒能力差，古人最怕的是"冬日烈烈，飘风发发"，尤其是雪后的寒风，特别怕"喝西北风"。但在现代，饱受雾霾困扰的人们却常常期待着能喝上新鲜的"西北风"。

《吕氏春秋》曰："冬之德寒，寒不信，其地不刚。"

冬天的可贵之处就是寒冷，如果寒冷不讲诚信，不能按时到来，甚至"冬雷震震"，土地就不能冻得坚硬，不能有一个深度休眠的时间。"大雪不冻，惊蛰不开。"暖冬之后往往有倒春寒。虽然人们惧怕寒冷，但还是希望该冷的时候就冷。虽然冬阳可贵，但人们还是盼望着下雪，哪怕天气阴沉沉的，晦暗湿冷。

在人们眼中，"大雪雪满山，来岁必丰年"。据测算，雪水中氮化物含量大约是普通雨水的五倍。所以下一场雪便相当于施了一次氮肥。而且雪是慢慢融化，缓缓渗入，其滋润作用更温和，也更持久。而尚未融化的积雪，相当于为越冬作物盖了厚厚的被子，"冬天雪盖三层被，来年枕着馒头睡"。雪不仅是肥，是被，还是完全无公

冬　185

宋　佚名　雪山行骑图页　故宫博物院藏

害的生态农药。"大雪半融加一冰，明年虫害一扫空。"所以冬天里
的雪上加霜未必是一件坏事。

在可降雪的国家，"瑞雪兆丰年"几乎是最具共识的谚语。英
语版本：A fall of seasonable snow gives promise of a fruitful year.

所以，由雨到雪，不仅仅是降水相态的变化。对大地而言，是妆容，是呵护，是滋养，也是一种纯真的安宁。冽冽冬日，肃肃祁寒，是属于雪的季节。如果缺少了雪，世间便少了许多诗文和意趣。

但是，气候变化正在蚕食小雪和大雪节气的"信誉"。

21世纪10年代与20世纪60年代相比，短短半个世纪，北方很多地区的降雪日数减少了百分之四五十。就连冬天盛行冷流降雪，被人们称为"雪窝子市"的烟台，降雪日数也减少了将近一半儿。南方一些地区的降雪日数减少了百分之五六十。

雪，似乎正在成为一种"濒危"的天气现象。

这个节气为何名曰大雪？

南北朝时期《三礼义宗》："时雪转甚，故以大雪名节。"元代《月令七十二候集解》：大者，盛也。至此而雪盛矣。感觉雪下得更大了，也更频繁了。而且降水形态变得更单纯，不再是雨雪交替或者雨雪混杂，也更容易形成积雪了。有了积雪，才有银装素裹的景色，才有万山积玉的意境。

所以小雪、大雪两个节气，主要比的，不是降水量之多寡，而是积雪之有无。

大雪神 关海涛绘

挥舞招雪旗的兵卒

与小雪神相比，
大雪神依然是传令者的角色，
只是通常会有两个变化：
一是招雪旗会变得更大，
二是大雪神会用力地挥舞着招雪旗。

民间绘制的小雪神，通常是一个手持长矛的传令兵，长矛上挂着一面招雪旗。而大雪神，同样是传令兵，同样是身着冬装，但不是长矛上挂着招雪旗，而是手里使劲摇晃着招雪旗。大雪神与小雪神一样，"招雪者"也有造型相似的鬼怪、兵卒、武将三个版本。但"招雪者"的肢体语言变得更夸张，咧嘴呲牙，戟指怒目，手里摇晃的招雪旗也变得更大。急急如律令，希望雪能够听从这越来越急切的军令。

从这个细节的差异就可以看出，人们的意念中，小雪节气是开始下雪，大雪节气是频繁下雪。

不过，也有人将大雪神绘成一位须发皆白的老人，有点"独钓寒江雪"的意境。"绿水本无忧，因风皱面；青山原不老，为雪白头。"作为大雪神的皓首长者，其身形神态所体现出的禅定之力，一如青山。

迎福践长。

每年 12 月 22 日前后交节。

亭前垂柳珍重待春风。

《礼记·月令》：仲冬之月，日短至，阴阳争，诸生荡。

冬至是"资历"最老的节气。而且传统的历法推步由冬至起始，所以冬至曾被视为节气之首。

气，是二十四节气的核心概念。《史记》："气始于冬至，周而复生。"二十四节气，便是气的循环。而节，就是为周流天地之间的气确立刻度。

《诗经》有云："既景乃冈，相其阴阳。"按照朱熹的说法："景，考日景以正四方也。冈，登高以望也。"

也就是古人登高以测日影，定方位。以日影最长的这一天开始，最容易测定和校正，所以周代将冬至作为一年之始。

古人所说的"书云物"，通常特指冬至日通过观测云气的颜色作为优先级预兆，对来年农事进行占卜，这是祈求风调雨顺的信仰习俗。

二十四节气中，先有冬至夏至，再有春分秋分，然后是立春立夏立秋立冬，它们合称"四时八节"。其中最早的四个节气：冬至夏至、春分秋分，具有清晰的天文标识，各国文化中都有对应的称谓，例如英语中的"Solstice"为"至"，"Equinox"为"分"。至今，欧美国家还以"分"和"至"作为划分四季的通用方式。因此，冬至夏至、春分秋分是各国文化中所共有的时间节点。

以北半球视角：冬至 Winter Solstice，夏至 Summer Solstice；春

分 Spring Equinox，秋分 Autumn Equinox。

但以全球视角：冬至 December Solstice，夏至 June Solstice；春分 March Equinox，秋分 September Equinox。

而从立春、立夏、立秋、立冬开始，我国便逐渐推演出有别于其他文明古国的时令体系的独有内涵。

冬至，不仅是最早被确立的节气，也曾经是最隆重的节日。对于冬至节的规格，各个朝代、各个地区，说法各有不同。

第一种说法是比过年稍差一点儿，称为"亚岁"，仅次于过年，但高过其他的节日。

第二种说法是冬至节比过年还热闹，"肥冬瘦年"。

第三种说法是与过年相仿，"冬至大如年"。

曹植曾在冬至日向父亲曹操敬献白纹履七双，并罗袜若干。他还呈上《冬至献袜履颂表》："伏见旧仪，国家冬至，献履贡袜，所以迎福践长。……千载昌期，一阳嘉节。四方交泰，万物昭苏。亚岁迎祥，履长纳庆……"所以冬至献鞋袜，有"亚岁迎祥，履长纳庆"之说；冬至贺冬，有"迎福践长"之辞。

什么是冬至？

南北朝时期《三礼义宗》："冬至中者，亦有三义：一者阴极之至，二者阳气始至，三者日行南至，故谓之冬至也。"

冬至有三层含义：一是阴极之至，阴气最盛的时候；二是阳气始至，阳气萌生的时候；三是日行南至，阳光直射点最南的时候。

冬至，是北半球白昼最短、黑夜最长的一天。这一天，阳光直射南回归线。所以冬至也曾被称为"日南至"。这个时候，太阳的"工作重心"是在南半球。我们接收到的来自太阳的热量最少。

北半球一方面是日照时间最短，一方面是由于阳光斜射，单位面积接收到的热量最少。而向外散失的热量却最多，收支相抵，亏损最严重。

宋代《性理大全》:"冬至一阳生,却须陡寒,正如欲晓而反暗也。"

虽然热量亏损最严重,但冬至节气还不是一年之中最寒冷的时节。因为尽管冬至节气之后日照开始增加,但吸收的热量依然小于散失的热量,气温继续降低。直到小寒或大寒时节,当收支相抵达到平衡,气温才会降到最低谷。热量"扭亏为盈"时,天气才会开始回暖。

在以阴气和阳气衡量气候的古代,冬至被视为"阴极之至"。所以到了冬至,人们便生活在万千禁忌之中。一个总的原则,是"不可动泄"。人们"闭关"安身静体,"以养微阳",呵护微弱的阳气。"冬至前后……百官绝事,不听政,择吉辰而后省事。"似乎除了时光之外,一切都封冻了。

冬至是阴气至盛、阳气始生的日子。人与自然同禀一气,一阳复始之时,人需要与这个气候节点同步呼应,人体是小天地,需要顺应大天地之阴阳流转,不要耗损而要充注生命的能量。

虽然冬至开始进入最寒冷的隆冬,但古人却在冬至节气相互道贺。

《汉书》:"冬至阳气起,君道长,故贺。"

《后汉书》:"夫冬至之节,阳气始萌。"

因为冬至一阳生,冬至时节阳气开始萌生。使人们在漫漫冬日,因为阴阳流转,看到了一个拐点,有了一份向往和寄托。

三国时期曹植《冬至献袜履颂表》:伏见旧仪,国家冬至,献履贡袜,所以迎福践长。

古代有冬至敬献鞋袜的礼俗,表示履祥纳福。所以那时候冬至节气的一句吉祥话,便是"迎福践长"。

但冬至时阳气之萌并不像草木之萌那样直观，更像是一个概念，所以被描述为"潜萌"，是偷偷地悄然萌动，默默地为万物复苏做着铺垫。

农历月份有很多的别称，农历十一月除了被称为冬月之外，也被称为辜月，即吐故纳新之月。虽然这时候开始进入隆冬，但冬至阳生，是阴阳流转的拐点。

农历十一月还被称为畅月。为什么叫做畅月呢？

有两种说法：一种说法是畅代表充实。按照元代陈澔《礼记集说》中的说法，是"言所以不可发泄者，以此月万物皆充实于内故也"。万物都要充注而不要发泄阳气。另一种说法是，阳气一直屈缩着，现在终于可以伸展了，感觉很畅快，所以叫做畅月。但无论哪种说法，人们聚焦的都是所谓阳气。

在古人的意念之中，一年之中有五个"春天"：

第一个是冬至，这是阳气意义上的春天，阳气始萌，阴阳流转的拐点。

第二个是立春，这是节气意义上的春天，东风解冻，阳气由概念化到可视化。

第三个是"九尽"，这是农耕意义上的春天，数九之后，寒尽春归。

第四个是春分，这是天文意义上的春天。

第五个是平均气温稳定在10℃以上，春暖花开，这是气候意义上的春天。

在这天地俱寒、衾枕皆冷的冬至时节，人们以阳气始萌而进行自我提振。

古时候，冬至是祈福时间。冬至祭天乃国之大典，祈求天神护佑苍生。而冬至之后，官员们会整理一年的政绩向朝廷汇报，是"述职"时间。《周礼》有云："以冬日至，致天神人鬼；以夏日至，致地祇鬼魅。"冬至时，敬天祭祖，酬谢天神和先祖的赐予和护佑。或许，冬至神即身处这样的情境之中。

清人画弘历古装行乐图轴　故宫博物院藏

冬至神　关海涛绘

神情恭谨的文官

冬至神，
仿佛从历史剧中穿越而来。
一位文官，长冠宽袍，神态庄严，
手持笏板或竹简、书卷参加朝会或仪礼。

民间绘制的冬至神，身着朝服，仪容庄重。其和蔼的面容，使人在寒冷的冬季心生暖意。有的冬至神，双手执笏，行祭天之礼。有的冬至神，手捧竹简（或卷轴），站在朝堂之上，准备奏陈。当然，也有人将冬至神绘为灯下读书的小小少年。或许，这样的形象，契合"冬至阳生"的时令特征。

幼阳潜萌。
每年1月5日前后交节。
凄凄岁暮风，翳翳经日雪。

汉代《说苑》：公衣狐裘，坐熊席，是以不寒；民寒甚矣。

小寒

　　虽曰小寒，但它涵盖了通常气温最低的"三九"。谚语云："小寒胜大寒，常见不稀罕。"

　　在中国，多数地区、多数年份，这是一年之中最寒冷的时节，就像是一位无冕之王。为什么将小寒节气称为无冕之王呢？两个原因，一是它最冷，比大寒还冷，却只叫作小寒；二是它最容易下雪，比小雪大雪还容易下雪，名字却与雪无缘。我们常常将小寒和大寒并称为隆冬，"小寒大寒，冻成冰团"。随着气候变化，虽然几乎每个节气都在变暖，但最冷的三个节气，始终是：第一名小寒，小寒是二十四节气中最冷的节气，尽管它叫小寒；第二名大寒；第三名冬至。

　　小寒时节，日照和降水，都开始触底反弹，而且是强力反弹。但气温却还在继续触底，风也变得更狂躁了。所以小寒的天气，按照陶渊明的说法是"凄凄岁暮风，翳翳经日雪"，风雪交加，几乎是一种常态。即使大白天，也是天色晦暗，"荆扉昼常闭"，人们只能整天躲藏在屋子里，"邈与世相绝"，让自己"闭关"，完全与世隔绝。所以"采菊东篱下，悠然见南山"那诗意的田园生活，也是有时令前提的。

小寒神　关海涛绘

"赏善罚恶"的黑无常

小寒神，通常为黑无常，
手持虎牌和枷锁。
虎牌上书"赏善罚恶"四字，
官帽上写"天下太平"四字，
体现着小寒神的职责定位。

通常担任小寒神的"黑无常"范无救，是源自道教的一位神祇。它体现着隆冬时节阴气逼人，寒夜漫长，"小寒大寒，冻成冰团"，天气冷得像酷刑一般，仿佛那种寒冷，已经到了勾摄魂魄的程度。

很多人在饥寒之中，感叹时运多舛，命途无常，却无从救赎。小寒神，首服多为笼巾，吐着舌（有的还口中含着短剑），摆出京剧中"横竖锤"的姿态。手持物是虎牌和枷锁，虎牌上写着"赏善罚恶"四个字，展露着奖赐与惩戒的双重法力。似乎也是在提示着人们善恶之报的存在，希望人们仰不愧于天，俯不怍于人。

小寒神头顶的官帽上写着"天下太平"四个字，标明了神灵的护佑之意。看来，不能"以貌取神"，不能依照颜值将神灵偶像化或者妖魔化。

民间绘制的小寒神，是踏雪寻梅的女子。

定型于明代的二十四番花信风体系，花信始于小寒节气的梅花，终于谷雨节气的楝花。寒甚之时的踏雪寻梅，或许只是意叶心香，体现了一种玄美的禅意。

但小寒神最通行的版本，其形象是源自道教的一位神祇。

清明神是面白、高瘦的谢必安，绰号"白无常"；而小寒神是面黑、矮胖的范无咎，绰号"黑无常"。

民间传说，将黑白无常称为七爷、八爷，谢七爷（谢必安）、范八爷（范无咎），一对冥界差役，也就是所谓的"鬼差"。

他们的名字都良有深意："白无常"谢必安这个名字的寓意是，酬谢神明者必然安康。"黑无常"范无咎（救）这个名字的寓意是，冒犯神明者无从拯救。

我在揣摩，为什么人们清明和小寒这两个节气被冠以"无常"之名呢？

阳春时，清明节气的气温变幅最大。晴霁即如夏，阴雨即成冬。隆冬时，小寒节气的气温最低，天气最冷。凄凄岁暮风，翳翳经日雪。

如果置入股市之中：

清明是"猴市"，震荡最剧。其振幅之大，令人深感无常。

小寒是"熊市"，点位最低。离峰值之远，令人深感无常。

人们内心的安全感，往往源于确定性。人们喜欢情理之中的有常，惧怕预料之外的无常。

《红楼梦》中有《恨无常》一曲："喜荣华正好，恨无常又到。""恨无常"的一个"恨"字，已然凸显人们的价值观。无常，几乎是人们潜意识中风险的代名词。

清　冷枚　探梅图轴　旅顺博物院藏

明　王谔　踏雪寻梅图轴　故宫博物院藏

清人画胤禛行乐图册之围炉观书页（局部） 故宫博物院藏

寒气逆极。

每年 1 月 20 日前后交节。

醉面冲风惊易醒，重裘藏手取微温。

《吕氏春秋》：冬之德寒，寒不信，其地不成刚。

地不成刚，则冻闭不开。

大寒

在苦寒的古代社会，人们感性地惧怕寒冷，但又理性地担心该冷的时候不冷，所以谚语说："大寒不寒，人马不安。"

《管子》曰："大寒、大暑、大风、大雨，其至不时也，谓之四刑。"尽管人们并不喜欢大寒、大暑、大风、大雨，但如果它们不能如期而至，在管子看来，却是来自上苍的刑罚。

人们甚至认为"常燠为罚"，四季温暖同样是一种刑罚。

当然，对于中纬度地区而言，"常燠"可以被视为刑罚。但对于低纬度地区而言，"常燠"是一种常态，是禀赋，而非刑罚。

按照气温来衡量，在多数地区、多数年份，小寒比大寒更冷，这已有定论。但古人将最后的节气定名为大寒，或许另有缘由。其中之一便是"水泽腹坚"，也就是冰层最深厚、最坚实。

我们常说天寒地冻，因天寒而地冻。但实际上天寒与地冻之间存在明显的"时间差"。

气温骤降，可以是一日之寒，一股寒潮便能强行换季。但冰冻三尺非一日之寒，由薄冰到坚冰，体现的是累积效应。腹有坚冰气自寒，"水泽腹坚"是更具底蕴的寒冷。所以我们不能单纯以气温论英雄。

元代《礼记集说》："冰之初凝，唯水面而已，至此则彻，上下皆凝。故云腹坚。腹，犹内也。藏冰正在此时，故命取冰。"

　　立冬之时的冻只在最浅表，如同冰冻在肤；大寒之时的冻是在
最深处，如同冰冻入腹。此时的冰层最深厚、坚实，于是人们取冰、
藏冰以供盛夏之用。

北宋　崔白　寒雀图卷（局部）　故宫博物院藏

　　按照古人的说法，大寒时节乃"寒气之逆极"。逆，有迎接之意，冬寒面临极致状态。然后，至极而逆，极而复返。

大寒神　关海涛绘

托举冰块的鬼怪

大寒神依然是鬼怪造型，
口衔短剑，
双手托举着甚至跪举着硕大的冰块。
除了衣裤，
还配以领巾、坎肩以及悟空款的虎皮裙。

民间最常见的大寒神，便演绎着大寒的"水泽腹坚"。它与大暑神其实是"同一个人"。大暑神是托举着大火盆，通体热得泛红；大寒神是托举着大冰块，浑身冻得发青。寒甚时节却上无盔帽，下为赤脚（有的大寒神脚穿登云履）。除了大冰块，另一个"道具"是一只入鞘的短剑，大寒神嘴里含着剑鞘。隆冬凛凛，仿佛这个节气暗藏寒锋剑气。大寒和大暑，分别代表着冷和热两种极端。在人们心目中，体现极端性的节气，形如鬼怪。

大寒神，另一个版本是门神。大寒节气，正值辞旧迎新之时，人们以欢庆逐寒迎春，并"聘请"门神护卫宅院，"以祈新岁之安"。所以人们往往索性以门神充任大寒神。

门神，乃司门的守护神。古代的门神大体可分成两大类，先有避害的驱邪类门神，后有趋利的祈福类门神。所以后来寿星、财神以及人们心目中有求必应的万应之神也往往被"特邀"为门神。有人恪守古制，偏爱汉代门神郁垒（yù lǜ）、神荼（shēn shū）或者唐代门神尉迟恭、秦叔宝这样的门神"专业户"。但也有人偏爱自己崇敬的诸如关羽、张飞、魏徵、包公、岳飞、文天祥这样的文臣武将。门神，要么是"能人"，要么是"熟人"。

清　象牙雕月曼清游图之杨柳荡千（局部）　故宫博物院藏

只是因为，多看了你一眼。

我第一次留意到二十四节气神的形象，还是在台湾地区 2000 年发行的二十四节气邮册之中。当时在浏览邮票之余，只是多看了一眼，发现每个节气还有与之对应的节气神。但节气邮册里的每个节气神，只有单一版本，且是比较写意的素描。

后来在台湾"中国文化大学"大气科学系客座任教，逐渐对二十四节气神产生了近乎痴迷的兴趣。要特别感谢我的系主任曾鸿阳教授，在他热忱的帮助下，我接触到了更多流派的节气神版本，我们一同揣摩节气神形象的设计依据和气候逻辑。

在写作本书的过程中，陆续阅读了以下专著，对于追溯和梳理二十四节气神，受益良多。

钟敬文、萧放《中国民俗史》

李永匡等《中国节令史》

乔继堂《中国岁时礼俗》

殷登国《中国的花神与节气》

李乾朗《台湾传统彩绘之调查研究》

宋兆麟《图说中国传统二十四节气》

宋兆麟《华夏诸神——民间神像》

徐明福、萧琼瑞《云山丽水：府城传统画师潘丽水作品之研究》

李湜《故宫旧藏戏曲绘画》

沈泓《春分冬至：民间美术中的二十四节气》

陈正之《台湾岁时记：二十四节气与常民文化》

黄倩佩《清末民间神像版画之研究》

周锡保《中国古代服制史》

陶金《钦安遗珍：钦安殿藏宋徽宗玉简与十二雷将神像画》

李玲《日本狂言》

林佑平《台湾庙宇中二十四节气图像的人物表现》

其中，林佑平《台湾庙宇中二十四节气图像的人物表现》是非常全面的乡野调查，既提取了彩绘形象，也对部分绘制者进行访谈，了解创作脉络。访谈中，大部分画匠都会拿出对节气人物描述和视觉释义的创作笔记，弥足珍贵。

特别感谢故宫出版社王冠良女士，她对与节气神相关的故宫院藏资料进行了深入挖掘和解析。特别感谢中央美术学院丘挺教授以及他的研究生李丽莎女士，特别感谢画家关海涛先生，他们以各自的丹青妙笔，为我们呈现了不同风格、不同版本的二十四节气神形象。

感恩二十四节气，有神之韵，有画之美。

宋英杰

2020 年 6 月，芒种时节

此套二十四幅节气神图，由丘挺、李丽莎绘制

雨
水

清朗

谷雨

立夏

小
满

芒種

夏至

小暑

大暑

立
秋

夏暑

秋分

寒露

霜降

231

大雪

冬至

小
枣

大寒

图书在版编目（CIP）数据

二十四节气神 / 宋英杰著 . -- 北京：故宫出版社，
2024.1

ISBN 978-7-5134-1603-0

Ⅰ . ①二… Ⅱ . ①宋… Ⅲ . ①二十四节气—图集
Ⅳ . ① P462-64

中国国家版本馆 CIP 数据核字（2023）第 214899 号

二十四节气神

宋英杰　著

出　版　人：章宏伟

责任编辑：王冠良　任　晓

装帧设计：李　猛

责任印制：常晓辉　顾从辉

出版发行：故宫出版社

　　　　　地址：北京市东城区景山前街4号　邮编：100009

　　　　　电话：010-85007800　010-85007817

　　　　　邮箱：ggcb@culturefc.cn

制　　版：北京印艺启航文化发展有限公司

印　　刷：北京启航东方印刷有限公司

开　　本：889毫米×1194毫米　1/32

印　　张：7.5

字　　数：190千字

版　　次：2024年1月第1版

　　　　　2024年1月第1次印刷

印　　数：1-5000册

书　　号：ISBN 978-7-5134-1603-0

定　　价：96.00元